电力系统继电保护与自动化研究

刘仲先 ◎著

中国出版集团

中译出版社

图书在版编目（CIP）数据

电力系统继电保护与自动化研究／刘仲先著. -- 北京：中译出版社，2024. 1
ISBN 978-7-5001-7716-6

Ⅰ.①电… Ⅱ.①刘… Ⅲ.①电力系统-继电保护-研究②电力系统自动化-研究 Ⅳ.①TM7

中国国家版本馆 CIP 数据核字（2024）第 033185 号

电力系统继电保护与自动化研究

DIANLI XITONG JIDIAN BAOHU YU ZIDONGHUA YANJIU

著　　者：刘仲先
策划编辑：于　宇
责任编辑：于　宇
文字编辑：田玉肖
营销编辑：马　萱　钟筏童
出版发行：中译出版社
地　　址：北京市西城区新街口外大街 28 号 102 号楼 4 层
电　　话：（010）68002494（编辑部）
邮　　编：100088
电子邮箱：book@ctph. com. cn
网　　址：http://www. ctph. com. cn

印　　刷：北京四海锦诚印刷技术有限公司
经　　销：新华书店
规　　格：787 mm×1092 mm　1/16
印　　张：12.75
字　　数：254 千字
版　　次：2024 年 1 月第 1 版
印　　次：2024 年 1 月第 1 次印刷

ISBN 978-7-5001-7716-6　　定价：68.00 元

前　言

　　随着经济的发展，越来越多的领域离不开对电力系统自动化的依赖，甚至相关部门在电力系统自动化的进程中投入非常大的精力和资金。就是在这样的背景下，电力系统自动化得到越来越广泛的应用，现代电力系统继电保护与自动化装置正在逐步改变着我们的生活，使人们的生活变得越来越丰富，日常用电也得到了更好的保障。随着自动化水平的提升，在电力系统中应用继电保护的自动化装置已经成为发展趋势，能够更好地提升系统可靠性和安全性。

　　继电保护自动化属于电力系统的重要组成部分，也是现代化发展中的一项重要技术，更是保证电力系统正常、稳定、安全运行的基础。本书从电力系统基础与创新介绍入手，针对电网的电流电压保护、电网的距离保护、发电机保护进行了分析研究；另外对电力系统调度自动化、电力系统供配电自动化做了一定的介绍；还对电力系统安全自动装置做了研究。继电保护自动化属于电力系统的重要组成部分，也是现代化发展中的一项重要技术，更是保证电力系统正常、稳定、安全运行的基础。基于此，为解决电力系统继电保护自动化准确判断电力系统所出现的故障问题，本文对电力系统继电保护自动化策略及技术进行研究。

　　在本书的策划和写作过程中，曾参阅了国内外有关的大量文献和资料，从中得到启示，同时也得到了有关领导、同事、朋友及学生的大力支持与帮助，作者在此致以衷心的感谢！本书的选材和写作还有一些不尽如人意的地方，加上作者学识水平和时间所限，书中难免存在不当之处，敬请同行专家及读者指正，以便进一步完善提高。

作者

2023 年 11 月

目　录

第一章 电力系统基础与创新

第一节 电力系统概述

一、电力系统碳排放及低碳电力系统规划

随着低碳战略的不断推行和环境保护政策的应用，电力系统碳排放受到的关注也越来越多。电力系统是连接电力生产和电力使用的纽带，对人们的生活有着积极的影响。在低碳背景下，低碳电力系统规划势在必行，不仅能够实现节能减排目标，而且能够保护生态环境，对现代人以及子孙后代的发展都有着重要意义。

在低碳背景下，低碳电力工业支撑着我国低碳国民经济发展，同时能够加快环境保护和节能减排目标的实现。低碳电力系统是对传统电力系统的一种创新，是电力系统可持续发展的必然趋势。低碳电力系统规划能够保证电力系统的稳定运行，而且能够节约大量的资金，能够让电力工业的经济效益和社会效益相统一。因此，研究电力系统碳排放及低碳电力系统规划具有非常重要的现实意义。

（一）电力系统碳排放合理控制的意义

1. 符合低碳发展战略

环境保护和资源节约是当今时代的主题，在这个主题背景下，我国开始实行低碳发展战略，希望以此实现节能减排的目标。电力系统碳排放合理控制符合低碳发展目标，对于我国的低碳电力工业发展有着促进作用。在控制过程中，政府和投资商共同出资，协同构建项目公司，建立新能源电力系统，不仅能够促进新能源的使用，而且符合绿色能源战略，实现了对能源结构的优化升级。政府通过财政政策来提供充足的资金支持，通过法律来维持公司的合法运转，能够实现电力工业的创新发展。在能源投资环境中，政府将能源重新分配，优化投资容量，既能够满足低碳排放要求，又促进了低碳发展战略的实施。

2. 适应电力系统调度

传统的电力系统发电出力非常强，冲击波动大，电力系统调度非常困难，对系统的安全性也有很大的影响。电力系统碳排放合理控制促使低碳电力系统出现，适应电力系统调度，实现了绿色发电上网，保证了系统的安全性，能够满足大量的电力需求。低碳电力系统是新型电力系统，相对于传统电力系统来说，社会价值更高，能够利用绿色发电调度来

代替传统的经济发电调度，促进了节能发电调度模式的应用，实现电力系统经济性和安全性的统一。低碳电力系统的波动性非常小，在机组调度过程中，能够快速响应调度，而且能够做出正确的调度决策，推进了智能电网的建设。另外，低碳电力系统且具间歇性，能够给机组调度足够的缓冲，能够有效确保系统的正常运转，减少了系统故障问题的发生。

3. 促进电网企业发展

电网企业是电力系统的管理主体，承担着提高电力能源使用效率的重要工作。在当今时代，电网企业的数量激增，企业之间的竞争也随之而来为了更好地发展，电网企业就要合理控制电力系统碳排放，从而降低终端消耗，实现节能减排。在低碳背景下，电网企业将发电业务和用电业务相统一，将调度业务和经营业务相结合，能够实现低碳发电和用电，能够准确把握电力生产、配送和使用等过程中的碳排放水平，有效地减少了碳排放，能够促进企业长期发展。电网企业通过低碳经济战略来维持发展，通过环保经济调度来实现低碳效果，不仅能够保证企业的盈利，而且能够为企业提供安全的电力供应服务。

（二）低碳电力系统规划的具体内容

1. 低碳电源电网一体化

低碳电源电网一体化是低碳电力系统规划的核心内容，其中不仅涉及发电主体，而且涉及用电主体，能够促进电网企业和投资商的交流，能够实现低碳电源电网协调规划。在规划过程中，首先要考虑的是经济和技术两个方面，既要能够保证技术发挥实际作用，又要获得一定的经济利益。为此，在技术方面就要加强上游发电和下游用电的统筹规划，在经济方面就要考虑环境效益和经济效益的协同获利。其次，要考虑资源方面。资源整合优化是非常重要的环节，不仅能够因地制宜发展新型能源电力系统，而且能够实现可再生能源技术的广泛应用，有利于电源和电网的低碳发展。最后，要考虑监管方面。规划过程涉及多个市场主体，每个主体的侧重点都各有不同，需要通过外部监管来协调多个主体，从而凝聚力量来实现低碳发展目标。

2. 发电机组优化组合

发电机组是电力系统的核心，也是生产电力能源的重要设备。在低碳电力系统规划中，发电机组优化组合是一项重要内容，能够提高发电机组的稳定性，能够保证发电机组的正常运行，能够保证电力的生产，能够稳定输送电量，促进了新型电网建设。发电机组整合优化的难点在于将系统运营成本降至最低，但是同时又不能妨碍可持续发展策略的推行。

在低碳发展战略实施后，发电机组优化组合成为可能，不仅减少了不同机组组合之间的摩擦，而且有效降低了碳排放总额，同时电力系统的成本费用也有了明显的降低，凸显了低碳电力系统规划的重要作用。发电机组优化组合主要是通过合理的运转模式来实现，能够限制电力系统的碳排放，而且能够提高电力能源的生产效率和质量，有助于推进电力工业的低碳化进程。

3. 环保经济调度机制

环保经济调度机制是低碳电力系统规划的基础内容，能够促进低碳电力资源优化配置，有助于电力系统的低碳化发展。环保经济调度机制在设计时要注意以下几点：

（1）稳定性

环保经济调度也就是低碳调度，不但关系着能源消耗，而且影响着电力系统的碳排放总额。在设计时要注重调度的稳定性，这样才能促进新型能源有序并网，才能有效降低碳排放总额。

（2）公正性

环保经济调度关系着多方主体的利益，因此设计过程必须公正，多方主体必须都能够得到利益。在设计时要注重调度的公正性，这样才能让多方主体共同发挥作用。

（3）优化配置

环保经济调度机制的作用就是优化资源配置，这就意味着在设计过程中要始终坚持这一点，这样才能提高能源并网率，才能实现节能减排。

电力系统碳排放及低碳电力系统规划是低碳背景下的必然形式，也是实现低碳发展目标的重要举措。在低碳电力系统规划中，我们要注重低碳电源电网一体化，做好发电机组优化组合工作，设计好环保经济调度机制，这样才能促使低碳电力系统发挥作用，才能缓解低碳发展的压力。

二、电力系统中的储能技术

（一）储能技术的作用分析

化石能源作为一次性能源，随着对它的不断开采使用，其总体数量日渐减少，在这一背景下，新能源技术随之出现，并取得了快速发展，其在电力系统中的作用逐步显现。对于传统的火力发电而言，其主要是根据电网的实际用电需求，进行发电、输配电以及用电的调度与调整，而新能源技术，如风力发电、太阳能发电等，依赖的则是自然界中可再生的资源。然而，从风能和太阳能的性质上看，均具有波动性和间歇性的特点，对它们的调节和控制有一定的难度，由此给并网后的电力系统运行安全性和稳定性造成了不利的影响储能技术在电力系统中的应用，可以有效解决这种影响、从而使整个电力系统和电网的运行安全性及稳定性获得大幅度提升，能源的利用效率也会随之得到进一步提高，使新能源发电的优势得到了充分显现。

对于传统的电网而言，发电与电网负荷需要处于一种动态的平衡，具体来讲，就是电力随发随用，整个过程并不存在电能存储的问题。然而，随着我国社会与经济的飞速发展，这种生产电能即时发出，供用电保持平衡的供电模式已经与新形势的要求不相适应。同时，输配电运营中，为满足电网负荷最高峰时相关设备的运行正常，需要购置大量的输配电设备作为保障，从而造成电力系统的负荷率偏低。通过对储能技术的应用，可将电力从原本的即产就用，转变成可以存储的商品，在这一前提下，供电和发电不需要同时进行，这种全新的发电理念，不但有助于推动电网结构的发展，而且还有利于输配电调度性质的转化。综上，储能技术的出现及其在电力系统中的应用，对电网的持续、稳定发展具有积极的促进作用。

（二）电力系统中储能技术的应用

1. 储能技术的常用类型

分析储能技术在电力系统中的应用前，需要了解储能技术的常用类型，具体有以下几种类型，一种为直接式储能技术，即通过电场和磁场将电能储存起来，如超级电容器、超导磁储能等，均归属于直接式储能技术的范畴；另一种是间接式储能技术，这是一种借助机械能和化学能的方式对电能进行存储的技术，如电池储能、飞轮储能、抽水储能、压缩空气储能等等。

2. 储能技术在具体应用

（1）电池储能技术的应用

现阶段，间接式储能技术中的电池储能在整个电力系统当中的应用最为广泛，电力系统的很多重要环节中都在应用储能技术，如发电环节、输配电环节以及用电环节等等。

第一，在发电中的应用。正如前文所述，在电力系统中，通过对电池储能技术的合理应用，除了能够使电网的运行安全性得到提升之外，还能使电网的运行更加高效。在对电池储能技术进行具体应用时，储能系统的容量应当按照电网当前的运行方式进行估算，在国内一些电池储能示范工程中，平滑风电功率储能容量为一般风电的 25% 左右，稳定储能系统的容量为一般风电的 65% 左右，通过这一数据的对比不难看出，风能发电场的储能容量也已达到数十兆千瓦以上，并且电能的存储时间比较长。

第二，在输电中的应用。在电力系统的输电线路中，通过对电池储能技术的应用，能够使维修和管理费用大幅度降低。可将电池储能系统作为电网中的调频电站使用，由此可以使容量的存储时间得到显著延长、从而提高输电效率。

第三，在变电中的应用。在变电侧，电池储能系统的运行方式为削峰填谷，其容量较大，最低功率可以得到 MW 级别，电能的存储时间约为 6h 左右，储能设备可从 10kV 母线上接入，并连网运行。

（2）飞轮储能的应用

可将飞轮储能与风力发电相结合，由此可使风能的利用效率获得大幅度提高，同时发电成本也会随之显著降低，可以为电力企业带来巨大的经济效益，很多发达国家的岛屿电网采用的都是风轮储能。在电力系统中，绝大多数故障及电能的运输风险等问题，都具有暂态稳定性的特征，由此会对电网储能系统造成较大的影响。飞轮储能技术在电力系统中的应用，能够对电网中的故障问题进行灵活、有效地处理，为电网的安全、稳定、可靠运行提供了强有力的保障。这种储能技术最为突出的优势在于容量大、密度小、速度快。因此，在相同的容量条件下，应用飞轮储能可以产生双倍的调节效果。

（3）抽水储能的应用

在电力系统中对储能技术进行合理应用之后，除了可以是系统的供电效果获得大幅度提升之外，还能使自然能源的使用量显著降低，有利于能源的节约，符合持续发展的要求。抽水储能技术具体是指当电力负荷处于低谷期时，从下游水库将水抽到上游水库当中，并将电能转换为重力势能存储起来，花也网负荷处于高峰期时，将这部分存储的电能释放出来，从而达到缓解高峰期用电量的目的，通常情况下，抽水储能的释放时间为几小时到几天，其综合效率最高可以达到 85% 左右，主要用于电力系统的调峰填谷，该技术最为突出的特点是不会造成能源污染，同时也不会对生态环境的平衡造成破坏。在电力系统中对抽水储能技术进行应用时，需要在基础设施建设的过程中，合理设计储水部分，同时还应确保抽水的力量大小与实际需求相符，具体可依据发电站的规模进行计算。随着容量的增大，存储的能量也会随之增加，为确保电力供应目标的实现，需要输水系统的参与。故此，输水管道与储能部分之间的连接应当紧密，并尽可能减小管道的倾斜角度，由此可以使水流达到最大的冲击力，一次抽水后，可持续对能量进行释放，进而保证发电的连续性。

（4）压缩空气储能的应用

所谓的压缩空气储能具体是指借助压缩空气对剩余的能源进行充分、有效地利用，其能够使发电运行获得保障当高压空气进入燃烧系统之后，可以使燃烧效率获得显著增强，同时还能减少能源的浪费；由于压缩空气对储能设备的安全性有着较高的要求。因此，在具体应用中，必须在使用前，对储能设备进行全面检测，确认无误后，将荷载频率调至高效发电范围，从而确保燃烧时，压缩空气可以得到充分利用。

（5）超级电容器储能

超级电容器是一种新型的储能装置，其最为突出的特点是使用寿命长、功率大、节能环保等。超级电容器主要是通过极化电解质来实现储能的目的，电极是它的核心元器件，它可以在分离出的电荷中进行能量存储，用于存储电荷的面积越大，分离出来的电荷密度越高，电容量就越大。现阶段，德国的西门子公司已经成功研发出了超级电容器储能系统，该系统的储能量也已达到21MJ/5.7Wh，其最大功率为1MW，储能效率可以达到95%以上

综上所述，储能技术能够对电能进行有效的存储，由此改变了电能即发即用的性质，其在电力系统的应用，可以使电网的运行安全性和稳定性获得大幅度提升。在未来一段时期，应当加大对储能技术的研究力度，除对现有的储能技术进行不断地改进和完善之外，还应开发一些新型的储能技术，从而使其更好地为电力系统服务，这对于推动我国电力事业的发展具有重要的现实意义。

三、电力系统稳定性研究

（一）电力系统稳定性的基本概念

在电力系统中，每个同步发电机必须处于同步运行状态，以确保在某一阶段输送的电力是固定值。同时在总体的电力系统中各个电力节点的电压和电力支路的功率潮流也都是某一额定范围内的定值，这就是电力系统的所谓稳定运行状态。与之不同的，如果电力系统中各个发电机之间难以保持足够的同步率，那么发电机输出的全功率系统和功率支路的各个节点的电功率和电压将产生非常大的波动。如果电力系统中的发电机不能恢复同步运行，则电力系统不再处于稳定状态。电力系统的具体稳定性包括以下内容。

1. 电力系统中的静态稳定

电力系统中的静态稳定性是当电力系统在特定操作模式中经受一些微小干扰时发生的稳定性问题。如果电力系统受到瞬态干扰，则在干扰丢失后，电力系统可以恢复到原始运行的原始状态；在永久性小扰动的影响下，在电力系统历经了一个瞬态过程之后，可以实现新的稳态电力系统运行状态，称为静态稳态。

2. 电力系统中的暂态稳定

电力系统在其相应的、正常的运行方式中，在受到了外界的一些较大的干扰后，就会经历机电暂态，进而恢复到原始的电力系统稳态运行方式，又或者达到新的电力系统稳态运行方式，那么就认为此时的电力系统在这种运行方式下属于暂态稳定。

3. 电力系统中的动态稳定

在一些大规模互联电力系统中、干扰的全部影响有时可在其发生一段时间后反映出来。在事故发生之前，这些干扰对整个电力系统稳定性的影响是无法预测的，这要求电力系统具有很大程度的动态稳定性。

（二）电力系统稳定性的具体内涵

在我国工业的电力实际应用中可以得知，电力系统的稳定性从本质意义上讲，其实就是一种电力系统的基本特性，电力系统的稳定性能够在基础上保证电力在正常的实际运行条件下，处于稳定的平衡状态，电力系统的稳定性对于各个电力企业的生产运营作业起到了重要的作用，一旦电力系统的稳定性发生了缺失便很难再保证电力系统基础的正常稳定运行，电力系统稳定性的缺失会为电力系统带来造成故障，比如系统瓦解、停电等电力系统异常现象。随着我国信息技术的高速发展，各种电子技术在工业发展中已经得到了广泛的普及，这些电子技术已经深入渗透到人们的日常生产与生活当中，如果电力系统的稳定性遭到破坏，将会带来一系列更加棘手且严重的损失甚至事故。

（三）电力系统稳定性的重要意义

我国现阶段的经济模式中经济发展的速度日益加快，对于电力的需求量也日益加大并且逐渐趋于多元化、多样化，电力系统的建设是在各个工业领域发展建设中的基础建设，是我国国民经济不断增长的实际基础，是我国进行现代化经济发展的工业发展命脉。

电力系统具有复杂性和非线性特征，它的不确定动态行为使电力系统会不断出现混沌振荡和频率崩溃的现象，甚至出现电压崩溃现象。这三种现象就是在工业领域实际应用中电网系统不稳定的典型特征，也是现阶段在工业领域应用中电网事故的三大最主要的原因。

四、电力系统规划设计剖析

（一）加强电力系统规划设计的必要性

近年来，随着我国社会经济的迅猛发展与科学技术水平的显著提升，广大人民群众生活质量水平的提升对电力系统规划设计提出了更高的要求，对电网的工作效率进行提高已经刻不容缓，科学合理规划电力系统是电力工程的一项重要前期工作，而且它正逐步朝着更加智能化与自动化的方向发展，促使电力系统更加可靠安全与经济稳定。再者，进行电力系统的规划设计是电力行业工作的重点，但是近年来电力系统的规范方案与科学相分离脱节，没有始终秉持好"实事求是、与时俱进、开拓创新"的原则理念适应新时期的社会发展需要，电力系统的正常运行受到诸多因素的制约，因此需要相关的技术人员对电力系统进行改进完善，保证电力系统的顺利运营。

（二）电力系统规划设计的主要内容

电力系统规划设计可分为长期的电力系统发展规划、中期的电力系统发展设计，其对单项电力工程设计具有指导性的作用也是论证工程建设必要性的重要依据。电力系统规划设计主要内容包括：工程所在区域的电力负荷预测和特性分析、近区电电源规划情况及出力分析、根据负荷预测和电源规划结果进行电力和电量平衡、提出电力工程接入电系统方案、对所提方案进行电气计算、分析计算结果并进行方案技术经济比较、为电力设计其他专业提供系统资料。

1. 电源规划与出力情况

首先，要想从根本上确保电力系统规划设计得科学合理，需要详细分析电源出力的各种情况并做好统计工作，在拟建区域内进行电源规划的系统设计，深刻认识到每种电源在不同时期内出力情况的不同，注重统筹兼顾好系统电源与地方电源间的关系，确保规划期间的新建电源机组进入投产阶段。其次，定期进行电力系统规划设计文件资料的搜集整理，进行相关数据的验算，同时还要对结果进行分析比较并优选方案，这极大地利于为电力系统网络信息的发展提供契机。

2. 负荷预测与分析

一方面，对预选地区的电力进行电力负荷预测是电力系统规划设计的基础，其预测精度直接影响了电网及各发电厂的经济效益，通常的年限为 10 年左右，电力系统具有电能难以大量储存的特点，因此随着电力市场改革的深入发展，必须要加强对负荷预测的规划设计。另一方面，电力电量的平衡对电力系统的规划设计起到制约作用，它需要在负荷预测的基础上确定其系统最大负荷并根据出力情况来计算出电力电量的盈亏，还需要相关的工程技术人员确定电力工程的布局和规模，同时兼顾分区间的电力电量交换，基于实际情况来增减设备。

（三）促进电力系统规划设计完善的有效策略

1. 电源规划

在进行电力系统规划的过程中，针对不同的电源项目需要采取不同的方式，同时进行资源的科学有效配置，深入推动电源规划工作人员与政府部门的通力合作沟通，清晰认识到进行电源规划的最终目的就是依据某一时期的电力需求进行预测，优先选择更为经济可靠的规划方案，另外，还要汇总系统中的相应设备及资产，主要涉及不间断电源与线路电源等诸多内容，为了从根本上避免由于电力系统安装运行衍生出各种故障，必须要定期对群集以及节点等进行科学的控制排查，同时在电源规划的选点工作上要多下功夫，有利于给单项电力工程的可行性论证提供重要的支撑依据。

2. 主网规划设计

首先，网架和方案是电力系统规划设计的核心，容量有余额的系统与互联系统中更大容量的部分相联结，在受端应采取切负荷的措施，在送端采取切机或减少发电功率，同时注意避免功角稳定事故的发生；其次，在实际工程中方案的指定，既要考虑技术性又要考虑经济性，电气计算要具有一定的远景适应性，更高的要求就是网架美观，将投资费用控制在合理范围之内，还要熟悉各种电力系统公式，例如短路阻抗的大致计算方法、零序不同情况下的折算等专业内容；再者，电厂、变电站与线路的选址也是关键的点，还要注重高低。

3. 配网规划设计

电力系统的规划设计要做好数据收集、调查与录入工作，城市电网规划工作要以大量的基础数据为前提，囊括未来城市发展的详细用地规划及城市发展规划数据，利用电力系统中提供的各种分析工具，从设备维护、技术经济指标、配网电源与管理方面进行综合分析评估，其中供电范围的计算既要考虑供电的经济性，还要兼顾供电半径的限制。此外，根据可靠性的要求和采用的主要接线模式来增加灵活性和适应性，还要根据规划区内的改造和新建的网络设备明确为电力企业的经营管理提出决策性意见，减少不必要电能的损耗并节约资源，进而创造出良好的社会经济效益。

科学合理的电力系统规划设计实施不仅有利于提高社会经济效益，还有利于尽可能地节约国家建设投资，随着我国各行各业对电能需求量的与日俱增，电能已经是现代社会生活的基础，同时我国的电网负荷也在不断增加，供电工作质量的好坏直接关乎着广大人民群众的正常生活与企业的安全稳定生产，而且安全可靠是电力工程进行设计和建设的首要原则，因此必须要持续推动电力系统规划设计的改革创新与优化升级，更好地推动我国社会经济的协调稳定可持续快速发展进步。

五、电力系统电力电子技术应用探讨

（一）电力电子技术在发电环节中的应用

1. 大型发电机的静止励磁控制

静止励磁结构简单，可靠性高，造价相对较低，采用晶闸管整流自并励方式，在世界各大电力系统被广泛采用。从目前电力电子技术的应用来看，在发电环节电力电子技术的应用较多，其中在大型发电机的静止励磁控制中，电力电子技术的应用取得了积极效果。在发电中，大型发电机需要通过静止励磁控制的方式提高发电机的运行稳定性和发电机的工作效率，而静止励磁控制需要电力电子技术提供最基本的支持，在京闸管的整流和并励过程中需要电力电子技术提供控制方法和控制技术，在实际应用中也取得了积极的效果。因此，电力电子技术对大型发电机静止励磁控制的实施有着关键作用。

2. 水力、风力发电机的变速恒频励磁

水头压力和流量决定了水力发电的有效功率，抽水蓄能机组最佳转速便会随着水头的变化幅度变化。风速的三次方与风力发电的有效功率成正比。机组变速运行，即调整转子励磁电流的频率，使其与转子转速叠加后保持定子频率即输出频率恒定。除了大型发电机之外，在水力风力发电机的变速恒频励磁中，电力电子技术也提供了最基本的技术支持，水力风力发电机在运行过程当中，通过变速横频励磁能够解决发电机的转速稳定问题，同时也能够有效调整转子的励磁频率，使整个发电过程的稳定性更强，使发电效率更高，能够解决水力风力发电机的转子调速问题。

3. 发电厂风机水泵的变频调速

发电厂的厂用电率平均 8%，风机水泵耗电量约是火电设备总耗电量的 65%，为了节能，在低压或高压变频器使用时，可以使风机水泵变频调速。从发电厂风机水泵的变频调速来看，风机水泵的变频调速需要有专门的技术作为支撑，在具体调速过程中，电力电子技术的应用有效解决了这一问题，通过对风机水泵的运行速度的调整以及频率的调整，能够保证风机水泵在实际应用中根据运转的实际需要采取对应的频率。

（二）电力电子技术在输电环节中的应用

1. 直流输电技术和轻型直流输电技术

直流输电相对远距离输电、海底电缆输电及不同频率系统的联网，高压直流输电优势独特。直流输电技术和轻型直流输电技术是输电环节中的重要方式，也是降低输电损耗和提高输电效率的关键手段。在实际经营过程中得到了广泛的应用并取得了积极的效果。结合直流输电技术和轻型直流输电技术的特点来看，电力电子技术在其中发挥了重要的支撑作用，电力电子技术是构成直流输电技术和轻型直流输电技术的关键，也是保证直流输电技术和轻型直流输电技术能够可以正常运转的基础，在实际应用过程中，为直流输电技术和轻型直流输电技术提供了必要的技术支持。

2. 柔性交流输电技术

柔性交流输电技术是基于电力电子技术与现代控制技术，对交流输电系统的阻抗、电压及相位实施灵活快速调节的输电技术。在输电过程中如何提高输电效率并降低输电的损耗，是电力传输的重点，也是电力传输需要控制的重要环节。在输电过程中，柔性交流输电技术是和直流输电技术具有同等优势的输电方式，在实际应用过程中解决了电能的损耗问题，使输电效率更高，在整个输电过程中，对输电过程进行了优化，对输电损耗的损耗功率进行了补偿，通过对柔性交流输电技术的了解，柔性交流输电技术中运用了大量的电力电子技术，对整个技术的形成和技术的使用提供了有力的支持。

（三）电力电子技术在配电环节中的应用

在配电环节中，电力电子技术主要对配电的过程进行了优化，在传统的配电过程中，电能的损耗问题无法得到有效的解决，电能损耗大、输电功率低，以及配件难度大的问题长期存在。基于这一现状，在配电环节中依靠电力电子技术，构建了有效的配电系统，实现对电力传输过程中传输方式进行有效调节，在调节中能够根据电力的需求进行合理调整，使得整个配电环节功率得到了补偿，输电环节中功率的损失有效降低并在功率的传输方面实现了预期目标。

（四）电力电子技术在节能环节中的应用

1. 变负荷电动机调速运行

风机、泵类等变负荷机械中采用调速控制代替挡风板或节流阀控制风流量和水流量收到了良好的效果。对于电力传输过程而言，如何有效节能是电力传输的关键之处。在节能环节中，电力电子技术主要应用在变负荷电动机的调速运行上，通过对风机泵类等负荷机械的有效调整，使其在运行中能够根据不同的需求，采取不同的频率，通过变频调速的方式保障风机和泵类正常运行，同时在能源消耗上尽可能降到最低。这种方式对于解决风机和泵类的能耗问题和降低风机和泵类的额外能源消耗具有重要作用。

2. 减少无功损耗，提高功率因数

在电气设备中，属于感性负载的变压器和交流异步电动机，在运行过程中是有功功率和无功功率均消耗的设备，在电力系统中应保持无功平衡，否则会使系统电压降低、功率因数下降。在电气设备运行中，无功损耗是影响设备运行效率的重要因素，如何有效降低无功损耗并提高功率因素，是电机运行中必须关注的问题。在目前的运行中，应用了电力电子技术形成了对整个电气设备无功损耗的调整，使发电过程中和电力传输过程中所用到的设备能够在功率因素上得到提高，在无功损耗上得到降低。通过优化和调整设备运行方式以及变频调速的方式实现了这一目标。由此可以发现，电力电子技术对整个电力调节过程中的设备和运行方式产生了重要的影响，在运行过程中解决了关键的技术问题。

六、电力系统中智能化技术的应用

电力系统良好平稳地运行，主要取决于电力系统及其自动化控制。电力系统自动化控制

在电力系统中具有十分重要的地位，相关部门和人员必须确保其始终保持正常的运行，使电力系统更加稳定，从而为人们提供良好的供电服务。智能化技术的应用，对电力系统自动化控制的水平有质的提升，企业必须给予高度重视，确保电力系统始终保持平稳运行。

对我国电力系统进行分析可以发现，电力系统自动化控制领域中的智能化技术有着很大的开发潜力，随着社会经济的快速发展，电力行业也得到了前所未有的发展，这就使得智能化技术的应用越来越广泛，将其应用在电力系统中不但可以提高电力系统的稳定性，同时还可以帮助电力企业实现全面的自动化发展。

（一）智能技术的应用优势

1. 提高供电效率减少污染

科技的快速发展使电力系统应用了大量智能化技术，随着自动化控制系统的不断进步，使得现阶段的电力网络结构和发电过程都更加智能化，这种智能化技术的应用不仅可以提高供电效率，同时还可以有效减少供电污染。

2. 调度智能化

调度在电力系统中具有重要的作用，在现阶段的电力企业中几乎所有企业都实现了智能化调度，而在这个过程中是绝对离不开智能化技术的，将其应用在调度中不仅可以提高供电效率，同时还可以有效避免危险，从而为电力系统的稳定运行提供了必要的保障。

3. 用电智能化

在传统的电力系统中常常会出现各种各样的问题，随着我国科技的快速发展，将智能化技术应用在电力系统中可以有效解决传统电力系统中的各种问题，这样不但提高了供电质量，还可以为用户提供更好的供电服务。

（二）智能化技术在电力系统中的具体应用

1. 对电力系统数据进行采集

要在传统的电力系统中采集数据，就需要进行人工采集，这样一来不仅要受到庞大设备的限制，同时操作人员还会受到地理环境的约束，从而导致数据的采取精度较低。现代智能化电力系统大多数都在多采用多个检测设备集成化联合作业，这种设备不仅携带方便，且采集的数据也会比较准确，同时还可以安装在偏远地区，实现实时检测和远程控制，从而使采集成本得以缩短。

2. 实施数据分析和故障处理

智能化技术可以将分析的数据制成相应的图片和表格，这样一来相关人员就可以对这些数据进行观察，并且通过观察这些数据可以对相应的参加进行有效的设定与修改。如果发现检测出的数据与之前设定好的数据发生偏差时，智能化系统就可以将这些故障进行自动等级划分，并发出相应的警报，同时还会将故障的地点标记出来，这对提高电力系统的管理和防护能力具有十分重要的作用。

3. 强化电力的系统管理

要使电力系统始终保持良好的运行状态，首要的任务就是要对其进行全面监管，主要分为两个方面：一是对设备进行监控，二是对相关人员进行监管。对那些危险地区、资源密集、易发故障等区域，是无法实现人员现场管理的，必须应用智能化系统进行管理，以此依据大数据对这些区域进行标记，从而实现全面监测管理。另外，由于智能化技术的加入，还可以增强人机互动，这样可以促使相关技术人员的操作技能和规范的工作流程得到有效地增强，对提高安全系数也具有一定的促进作用。应用智能化技术还可以实现工作日志与报表的自动生成，可以帮助企业保留大量有用数据，并且也能有效防止相应人员对数据进行被篡改，从而实现对人员的监管。

随着我国社会的快速发展，人们对电力的需求越来越大。供电企业必须保证良好且稳定的供电，这样才能更好地为人民提供服务，从而为社会的发展和稳定做出应有的贡献。电力企业必须加大电力系统智能化技术的应用，在实际生产和运行中发挥其积极作用，这样不仅可以提升电气控制自动化的效率，还可以促使企业对原有的电力控制工程进行有效的改善和创新。而智能化技术是当今社会发展的必然趋势，电力系统要实现长久而稳定的发展就必须跟上时代发展的步伐，积极在电力系统中应用智能化技术，为企业的发展做出应有的贡献。

七、电力系统的安全性及防治措施探讨

（一）电力系统安全的重要性

老旧电力系统在没改造前，一旦发生故障就会引发大范围的停电，应对停电故障的办法单一，在十几年前，停电像家常便饭一样，人们每家都会储备蜡烛来应对停电。造成电力系统的故障原因主要有：短路、断相、自然灾害、极端天气，故障等。这些事故是因为线路的老化、搭设不够合理等原因引发的，电力系统的故障可能引发火灾事故，很多用电设备停止运行，自来水停止供水，通信系统、网络系统也受到影响而不能正常运行，这严重影响到了正常的生活、工作、生产，造成巨大的经济损失。以前的老旧电力系统，经过改造后安全性、稳定性都得到了大幅度提升，当发生电力系统故障时，可以及时排除故障，有些特殊场所会备有发电机可以临时发电，但是当前经济高速发展，对电能的依赖性，远远大于过去，毫不夸张地说过去停电几个小时造成的损失，远远不及现在停电几秒钟造成的损失和影响大。现如今电力系统一旦破坏或者受到外界的攻击，将会使城市接近瘫痪，电力系统的脆弱性也体现在此。电力故障给人们生活、工作带来极大不便，比如说：在过去有电冰箱等电器的人家不多，而现在家家户户都有电冰箱、空调等电器，停电会带来非常多的不利影响。电力系统的安全关乎国计民生，因此必须要提高重视程度，深入分析造成电力系统安全故障的因素有哪些，制定出切实有效的预防措施。

（二）造成电力系统故障的因素

1. 外界自然环境因素

自然环境是电力系统安全性需要考虑的，重要影响因素之一，我国这几年来交通运输工程的投入加大，及城镇化的扩大，工业等各行各业的飞速发展，对于电的依赖需求也越来越大。输电线路基本都铺设在野外，而且基本完全暴露在自然环境中，这就不可避免地受到自然环境的影响，尤其是极端恶劣天气。除了雨雪引起的冰冻之外，雷电、狂风暴雨、台风、极端低温和高温的自然灾害，均能对电网产生非常不利的影响，可能会出现断路或者电缆接地还有高压放电等危险情况，这些都危及电网的供电和输电，在对电能高度依赖的现在，电力系统的一点故障将可能导致巨大的经济损失。在面对一些不利气候，尤其是雷电和冰冻，应当有危机意识，相关企业应制定应急预案和预防措施，这样才能避免或者减少，因自然灾害引起的电力故障而带来的经济损失。在设计中要考虑罕见极端灾害出现的情况，在设计中采取相对保守的方案提高电力系统的安全储备，只有这样才能使得电力系统经受住极端自然条件的考验，才能避免巨大的经济损失。

2. 人为因素

人为因素不像自然因素那样让人措手不及，可以通过学习培训得以提高。比如说电力系统施工过程中，要加强管理严把质量关，责任落实到人，实行激励机制。对于一些可能危及电力系统的行为要进行监督教育，比如在电力输电线路周围施工时，要让相关人员学习安全须知及禁止哪些事项，在农村要告知村民焚烧秸秆的地点，要远离输电线路以免对其造成损害或者引发事故。电力系统安装工人在搭设线路时，也要进行多次培训，避免出现操作误差，并安排专人进行质量检查。

3. 输电线路质量因素

我国幅员辽阔，存在一些老旧输电线路未被改造的问题，一些早期建设的输电线路，采用高度较低的水泥电线杆，经过长时间的风雨洗礼，水泥杆强度减弱，成了安全用电的隐患。一些电路中的金属配件也存在锈蚀严重的情况，还存在一些输电线路搭设企业，为了获取更大利益，而在材料质量上打折，这为电力系统质量埋下隐患。电力系统的安全环环紧扣，要做好每一个环节，严抓不放松。

（三）提高电力系统安全性的建议

1. 优化电力系统加强质量管控

电力系统的建设需要做好前期准备，做好充分的调研，做好科学的规划，结合实际情况做到科学合理的设计，好的系统才能完全发挥出价值，安全性是依附于完善的系统之上的。还要严把质量关，质量不好都是空中楼阁，对此要在电力系统相关材料设备的采购过程中严格进行过程控制，必须要达到国家标准，并对构配件按规范要求进行抽样检查，有问题按规范进行处理，这样才能从源头上控制好质量，也为电力系统的安全性提供保证。

2. 提高预警能力和加强检查维修工作

首先要尽早发现隐患，预防电力系统故障发生。提高电力系统的管理监控预警能力，可以设置一些传感器监测点，实施网络实时监控，实时反应并采取应对措施。建立电力系统意见、评价平台，收集人们生活中发现的隐患，对于提供有价值信息的给予一定奖励，以激励群众参与电力系统的安全建设中。然后就是加强输电线路的巡查工作，输电线路巡查工作可以有效保障输电线路的运行安全性和稳定性，因此供电单位必须要对输电线路的设备以及通道的情况进行深入了解掌握，定期对其进行巡查工作，在恶劣天气阶段内要通过采用现代化的巡检设备来强化输电线路的巡查工作，借此有效保证输电线路的运行安全性和稳定性；其次供电单位需要对输电线路的设备进行更新优化，借此有效提高故障检测工作的效率和质量。供电单位需要加大资金投入，及时对输电线路的设备进行更新。

3. 注重自身专业水平的提高

电力系统人员，要注重自身专业水平的提高，人的因素是最主要的，也是成本最低的控制措施，只有专业水平的提升才是内在的强大保障，尤其电力系统一线人员，具备了良好的专业素养，才能在工作中避免工作偏差会产生的隐患，一线人员专业水平的提升，带来了电力系统安全性的提升，电力系统的每一个人都应该加强学习，弥补自身不足，把知识应用到实际中去指导工作。

输电线路的运行安全影响重大，因为经济的快速发展对电能的依赖前所未有，不仅影响到我国各行各业的正常生产运行，同时也给我国民众的正常工作生活带来十分不便的影响。输电线路出现故障的原因有多种，要结合具体环境和故障的特点制定相应的、科学的、合理的处理措施，确保输电线路平稳安全地运行，为国家发展和人民生活提供持续的动力保障。电力系统工作人员要与时俱进接受新的知识，懂创新，用知识为电力系统的安全运行保驾护航。

八、电力系统中物联网技术的应用分析

(一) 物联网技术概念与特点

1. 物联网概念

物联网技术是一种建立在互联网基础上，不断延伸并扩展的现代化网络技术，其要旨是在互联网的基础上实现一个有效链接，通过电力用户端开展有效信息数据的延伸以及扩展，针对不同物品以及物品与物品之间开展通信以及信息交换。简而言之，物联网应用在电力系统当中的主要作用就是信息传递与控制。

2. 物联网的技术特点

物联网技术主要通过相关的数据信息技术以及通信射频识别技术有步骤、分类别的建立健全一整套电力网络，最终达到信息高效共享的效果，同时为行业信息交流以及未来发展奠定良好的基础。将物联网作为电力信息传送的基本载体，可以有效实现对整个世界当中全部虚拟网络的一个有效链接，使其逐渐构成一个比较统一的整合性网络系统，同时以此为基点，不断推动经济的发展与社会的进步。

3. 物联网的体系架构

（1）感知层

感知层通常分布在系统感知对象的若干个感知节点当中，通过自行组建的方式建立健全感知网络，进而实现电网对象、电力运行环境中的智能协同感知、智能化识别、信息化处理以及自动控制等。建立在现代化电力系统传感器应用的基础上，采用智能化采集设备与智能化传感器等诸多方式，进一步高效进行信息数据的识别，收集电网发电、输电、变电、配电、用电以及电力调度等不同模块、不同阶级的具体实际情况。

（2）网络层

对多种不同类型的通信网络，进行有效融合以及扩展，例如电力无线宽带、电力无线传感器以及电力无线公共通信系统等。针对智能化电网，主要功能建立在电力通信网络的基础上，通过公共电信网络对其进行补充，由此才能更好地实现信息传递、数据汇集以及电力系统方面的控制。电力通信网通常作为电力物联网所创造具有更高、更宽的双向电力通信网络平台。

（3）应用层

应用层通常能够依据不同的业务类型需求，对感知层的信息以及数据开展研究与分析，主要包括基础设施、中间件以及不同类型的应用。通过智能化的计算与应用、模式化的识别技术等作支持，实现电网信息的综合研究、分析以及处理，同时有效实现电力网络

有关智能化的建设与决策，进而更好地推进控制系统以及电力服务水平的提升，有效促进整个电力行业的正常、有序发展。

（二）电力系统物联网关键技术

1. 传感器的应用

（1）导线温度传感器

应用导线温度传感器能够有效对输电线路实施在线温度监测。其中监测温度的终端采用的是电气微功耗的技术，采用的供电方式是锂亚电池，锂亚电池本身具有低功耗、寿命长的优势，可以有效满足电力使用者5年的使用需求。将两者结合使用，可以高效实现用电需求，解决测温终端单元获取电源的问题。

（2）激光测距传感器

激光测距传感器主要功能是测量输配电路周边所存在的树木、农田等是不是满足输配电线路的安全距离范围，是不是能够满足辅助测量线路本身的弧垂度，为输电线路的检修与维护提供有力支持。

2. 电力系统组网的需求

电力设备传感网络自身的场景非常复杂，整体的设计难度也非常高。为了能够实现实时感知电网运行状态的运行效果，需要对电力设备安装大量传感器，收集并传送相应的信息数据。其中，传感器节点在收集数据对象方面通常包括：电压、电流、温度以及湿度等信息。通过对全部收集到的信息数据开展全面分析，掌握每一个电力设备本身的实际供电情况以及所处环境状态。为了保证电力环境下能够最大程度地满足农村电网感知需求，传感器的网络服务对象以及相关数据要符合如下几点要求。其一，为了进一步实现对电力系统运行状态下的实时监控，首先要做的就是在电力设备原本装置基础上配置大量传感器节点，主要功能在于负责对电气设备进行数据的采集。其二、设置的全部传感器节点可以实现对电气设备运行信息开展周期性发送，因为传感器的基数比较大，网络内部传输的数据信息量也非常大。其三，只有最大限度地保证所收集到的全部数据信息数据能够及时传输给电力控制中心，由此可以对电网运行的形态开展可靠性分析，确保在遇到电力问题的时候可以及时对线路开展相应的调控措施。

3. 应用系统体系框架的构建

在实时感知输变电系统运行状态的基础上充分依据电力系统当中不同的业务类型针对感知层所接收的信息开展研究与分析，逐步形成包括相关电力基础设施、中间件以及多种应用的电力体系框架结构，同时对物联网当中的不同应用进一步有效实现。电力传感器的内部网络能够对智能化的电网全寿命周期中任何一个生产环节所产生的全部信息开展研究与分析，同时为下一阶段的电网智能化决策、系统化控制以及电气服务提供更加完备的依据。

（三）电力系统中物联网技术的应用

1. 在智能电网建设中的应用

物联网当中的感知层是进一步实现"物物联网、信息交换"的重要基础所在，通常情况下可以将其划分为感知控制层与延伸层两个子层面，分别与智能信息识别控制系统以及物理实体连接等功能相对应。针对智能电网系统中的应用而言，感知控制子层主要是通过安装智能信息采集设备实现对于电网信息的收集与获取；通信延伸的子层是通过光纤通信与无线传感技术的应用，成功实现电网运行信息以及其他各类电气设备运行状态下的在线监测、动态监测，充分保障电网供电方面的可靠与安全，高效实现广大用户用电的智能化。

通过运用电网建设当中敷设的有关电力光纤网络、载波通信网以及其他无线网络，针对感知层所收集与感知的电网信息以及相关设备数据进行转发并传送，与此同时要充分保证互联网数据的安全性以及在运输过程中的可靠性，进一步保证外部环境不会对电网通信造成干扰。应用层面一般划分为两个基础模块：电网基础设施和高级应用。两项基础模块均为自身所对应的应用提供相应的信息资源调用的接口，高级应用一般是通过智能计算技术设计与电网运行中生产以及日常管理当中的诸多环节相关联，对建立在物联网技术基础上的电力现场作业进行监管，对建立在射频识别以及标识编码基础上的电力资产全寿命的周期性管理，对家居智能用电领域的高效实现，诸多技术的运用都对电网的建设起着重要的推动作用。

2. 在设备状态检修当中的应用

通过物联网技术开展电网设备状态检修方面的应用，可以精准掌握有关设备工作状态以及设备运行的寿命，可以有效掌控电气设备中存在的缺陷并提供技术支持。与常规检修情况相比，状态检修可以有效帮助变电站跟线路之间的监控统一，逐步使得不同方面的检修工作越来越智能化，加之诸多传感器设备，使得电气设备在信息获取方面以及存储传输方面具备更高的可靠性、便捷性，进一步加强了电气状态检修的基础。鉴于此，伴随物联网智能化技术的逐步成熟，电力设备自身的检修效率实现一个稳步提升，进一步使得人力资源的消耗逐渐降低，不仅可以有效减少故障检修时的遗漏现象，同时还可以充分保证电气设备的检修质量。

3. 设备状态检测方面的应用

除了电气设备状态检修之外，物联网技术能够广泛应用在电气设备状态检测应用中，其中最为主要的就是有关配电网在线监测方面的应用。与配电网自动化的建设以及体系架构相结合，进一步根据以太网无源光网络技术与配电线路载波通信或者是无线局域网等更好的处理信息感知以及采集，与此同时，更好地处理解决了配电网设备远程监测的问题，还包括电气设备相关操作人员的身份识别，电子票证的有关管理与电子设备远程互动等诸多方面的内容，能够有效实现电气设备辅导状态检修的安全开展，同时保证定期设备标准化作业的全面开展。

（四）电网系统中物联网技术的发展方向

在我国电力企业发展过程中，有些生产与经营的场所可以有效引入物联网技术，进一步优化升级相应的配电自动化智能系统，为电力用户提供更好的服务，进一步提高办公电话、电力计量以及电力应急灯等方面的需求与应用的效率。物联网技术的应用跟电力系统可以实现一个高效融合，最大限度地满足人们生产、生活以及工作中的电力需求，在此基础上，进一步促进电力企业新一轮的创新发展。

电网系统当中的应用物联网技术可以实现输电技术网络的优化升级，能够有效改善电力系统中基础网络的输电通信能力，保证输电通信网络在运行过程中更加稳定、可靠。物联网的总体框架结构逐渐由封闭式的垂直一体化模式向着水平化的公开模式发展，同时水平化公开模式主要是建立在物联网平台跟终端系统为核心的基础上，逐渐经历人工智能、大数据信息处理技术以及边缘化计算等现代化新型通信技术的发展历程。我国电力企业的建立已经逐步向开放化、智能化的物联网平台方向发展，工作重点也逐步由原来的标准化通信以及低功耗接入向智能化的数据网络信息共享以及安全系统构建的层次快速转移。

伴随当代物联网技术的高速发展，在诸多行业中的应用地位越来越重要，企业可以通过物联网技术本身具有的广泛性、连接性，保证自身可以在不同行业中相应的部门之间进行信息资源的共享，同时进一步扩展并延伸越来越多的人性化应用功能，促进经济发展，推动社会的进步。

第二节　电力系统创新

一、电力系统云计算初探

随着计算机信息技术的不断发展，网络在各行各业中的应用非常普遍。正是因为有了网络计算与存储等服务，人们的生活发生了翻天覆地的变化。在一定程度上，云计算技术是一种新兴资源使用模式，促进网络的发展，并逐渐成为网络技术中的核心技术，改变数据访问、应用模式，并可实现高效、安全的应用交付。在电力系统中融入云计算技术，使得电力系统的运行迎来了质的改变，保障电力企业高效工作，有利于电力行业实现新的突破。

（一）云计算的概述

云计算是一种基于互联网的计算方式，通过云计算，可以有效实现硬件资源和信息共享，方便用户使用。基于当前使用软件包部署和发布的情况下，云计算以其维护成本低、部署方式简单、更有利于构建基于多租户模型的服务系统，引起了社会各界的高度关注。现阶段，云计算主要提供 3 种服务模式，即：基础设施即服务（laas）、平台即服务（Paas）和软件即服务（Saas）。在这 3 种模式下，计算工作由位于互联网中的计算资源（laas）来完成，用户只需实现与互联网的连接，借助诸如手机、浏览器等轻量级客户端，即可完成各种不同的计算任务，包括程序开发、软件使用、科学计算乃至应用的托管等。

（二）云计算技术的特点

1. 具有虚拟化共享性质

云计算实质上是一种虚拟化的存在，是看不见、摸不着的。考虑到其虚拟化的特点，因此云计算在进行各种操作的过程自然而然会具有虚拟化特性。对于计算机内的资源，在云计算模式下，所有的都是不加密的，用户可以无限使用其所有的资源，因此整个互联网上所有资源，都具有共有的性质。

2. 提高工作效率

一般而言，云计算具有非常高的智能化和自动化水平。通过虚拟化云平台，可以集中用户，并且实现信息的维护，其不仅能够提高信息发布的速度，同时还能保障信息安全。此外，云计算可以提高设备的使用性能，有效延长设备的生命周期，这是传统的信息系统无法实现的，该技术在降低客户端升级频率的同时，还极大减少了升级时间，很大程度上保证了信息系统的稳定运行，提高了整个信息系统信息发布和管理工作的效率。

3. 提高规模效益

由于具有计算和整合资源的特质，在电力系统中应用云计算，可以最大程度上整合电力公司中大量重复现象的或者闲置不用的资源，在避免资源浪费的同时，还能极大地减轻云计算平台的压力，与此同时，电力公司在信息系统方面的人力物力投资可以得到有效控制，从而减少电力企业建设运行投资成本，增多规模效益。

（三）　云计算在电力系统构建中的关键技术

1. 海量数据管理技术

在电力系统中，云计算平台主要为大量用户提供支持，因此系统内会产生海量数据，每个用户都有自己的数据另外，在应用仿真电网空间和时间时，也会出现大量的附加数据。因此可以采用数据库优化技术，提升海量数据管理效率。采取控制策略，同时结合电力系统特点，将数据库中未使用的数据存储到磁盘文件中，以缩减数据库记录数，从而进一步提高数据库的访问性能。

2. 动态任务调度技术

在电力系统中，其计算任务具备暂态、稳态等多样性，而且考虑到计算时间的不确定性，并且在计算过程依附性很明显，从而导致在调度计算任务方面的难度加大。之所以，应结合本地文件和分布式文件，并且采取动态分配与任务预分配相结合的方式，达到电力系统运行效率提升的目的，这不仅降低了调度管理、数据传输的时间损耗，同时还极大地提高了资源利用率。

3. 数据安全技术

在电力系统中运用云计算技术，由于数据需要进行分布式存储，因此会不可避免地面临系统内安全问题和数据安全问题。因此，对于数据管理、资源认证、权限管理、用户管理等技术的研究，这是十分必要的。通过运用数据加密技术，可以有效提高数据安全性和完整性，并加强云计算对数据的保密。

（四）　云计算在电力系统中的具体应用

1. 信息和网络系统深化应用

随着信息技术的升级创新，造成了企业终端与日俱增，应用系统分布也越来越复杂化。面对这种情况，只有为每个业务配备相应的软硬件设备和存储设备，系统才能够正常运行，然而这却不利于软件的后期维护，同时致使资源的浪费。针对以上问题，云计算技术的出现和应用，使得这些问题迎刃而解。在电力系统中运用云计算技术，通过智能云将电力系统内网中海量的计算进行拆分，从而瓦解成较小的计算块，并利用多台服务器进行处理，然后将处理后的结果及时反馈给客户。该种方式工作效率极高，使得智能云在短时间内可以处理庞大的信息。

2. 电力系统安全分析与协调控制

现阶段，在电力系统中，最经常使用的是采用时域仿真分析对暂态稳定问题进行分析。然而针对特殊问题，比如大电网由于数据量庞大，时域仿真计算量自然也会过大，所以此时最好采用离线分析。此外，为了提升仿真速度，可以在电力暂态仿真计算中利用云计算，以实现在线分析。

3. 电力系统潮流计算平台

通过云计算的应用，可提高电力系统潮流计算速度，优化潮流计算方法。利用最优潮流并行算法，在对预想事故进行运算时，可通过分组的方式，将其分配到不同的处理器进行分析。并运用牛顿法的并行潮流解法进行分解、协调等，有效解决分类系统中出现的各种问题，利用多个处理器来计算求解，对需要处理的预想事故数目进行精准计算。

4. 调度与监控系统平台

电力市场进入深化改革阶段，同时随着分布式电源的出现，系统逐渐向分布式控制转变。利用云计算平台，实现分布式控制中心信息协作和共享。在将来的电力系统中，分布式电源将会逐步普及，系统运行控制、调度计算量将逐步增加，在电力系统中，利用云计算可实现信息采集与实时监控。

综上所述，云计算的发展还处于初步阶段，其在电力系统中还有很大的应用空间。云计算可以促进电力系统的高效运转和安全稳定。而云计算平台的构建，不仅可以提升电力系统的信息储存、处理以及互联等带，与此同时实现对电力系统协调控制的优化，其重要性不言而喻。电力系统的整体性将会优化，尤其是在线分析与协调控制方面，促进电力系统的可持续发展。

二、电力系统及电力设备的可靠性

（一）电力系统以及电力设备可靠性的基本概念

1. 电力系统可靠性

电力系统可靠性指的是根据电力系统对质量标准以及数量的规定，不断地提供电力给用户，而衡量电力系统是否具有可靠性，主要包括两个方面的内容：安全性以及充裕度。

发电系统。发电系统是组成电力系统的重要部位之一，如果有充足的发电量，配电系统和输电系统就能够将发电系统中的电能传递到任何一个负荷点，就不会出现由于负荷过重而导致电力不足的现象，衡量电力系统运行正常还是出现故障，是依据发电系统所发出的电力是否满足负荷对其的需求来进行判断的。

互联的发电系统。指将区域中独立运行的电网在系统的支持下进行互联，对于电力系统的发展而言，系统的互联已经成为发展趋势，有很显著的好处。将发电系统进行互联，可让两个出现故障系统中的备用容量相互支持，从而能让互联状态下的系统比自行运作的系统更为可靠。

2. 电力设备可靠性

电力设备可靠性指的是在规定的时间以及规定的条件下，电力系统中的设备或者是产品，能够按照规定完成对功率的传输。电力设备的特点实用性、可靠性、有效性以及耐用性等都将通过电力设备的可靠性反映出来。

设计的可靠性。通过对电力产品的设计，能够在一定程度上保障电力设备的可靠性，在设计阶段能预测以及预防产品可能出现的故障，从而避免在使用过程中造成危害。

试验的可靠性。通过在电力设备中验证以及试验产品，能提高产品在应用时的可靠性，在试验阶段还应讨论如何能最大化地对人员、经费、时间以及空间等进行利用。

生产阶段的可靠性。通过在生产阶段达到电力设备可靠性的目的，是在产品生产过程中对于出现故障，或者是有缺陷的产品能有效地进行控制，以此来达到设计目标。

（二）评估电力系统可靠性

对评估日的进行确认，是为了对基础电力系统的可靠性进行评估，使用合理的评估方式，全面对电力系统在操作过程、设计以及系统规划中进行评估，让电力系统功能效果得到提高。

对评估目标进行确认为了让电力系统的可靠性能够达到基本的水平，在早期规划、中期设计以及后期运行的时候都要确保电力系统的充裕度。

规划阶段。预测未来电力以及电能量的需求；收集以及分析相关设备数据、设备技术以及设备经济；评估电力系统的性能，明确系统中薄弱的地方，采取相应措施将其解决；选择制定方案中的最优方案。

制定有关可靠性的准则。可靠性的准则中应包括电力传输系统、发电输电合成系统、电力系统，可靠性有两类准则：变量准则，性能的试验准则。

（三）评估的方法

建立评估模型根据系统的以往行为，建立对可靠性进行评估的模型以及对评估进行响应的软件。一般情况下，对评估模型采用的是分析方法以及模拟方法。但是由于计算量可能会存在误差性以及可变性，所以在使用这两种方法的时候要有机地相结合起来，才能让建立的评估模型具有可靠性。

建立管理系统。观察设备在现场的运行状态并做好相应的记录，使用计算机对数据进行计算，让计算后的数据能够达到评估对其的要求，管理系统的作用在于能更好地让信息资源得到发挥。

（四）提高供电系统安全性和可靠性的措施

1. 加强一次设备主要零件检修

断路器。通常会出现接触不良和温度过高或是其他的物理损坏等问题。在进行检修时首先应切断电路，其次换上备用断路器，最后才对故障进行排除。

隔离开关。是一个面积较小的配件，由于常接触到其他设备的配件，所以常会出现发热现象，可能会导致一次设备中的接线座被熔断的现象发生。在更换断路器时，对于质量应进行严格的审核。

变压器。一次设备的核心部位，是主要的变电设备。一直以来对变压器的故障预测和检修工作都是变电一次设备检修工作的重点地方。变压器主要由变压器身、油箱、冷却装置、套管等这些部件组成。

变压器的绝缘。有些问题很难通过肉眼来分辨，如变压器绝缘部位是否出现老化。目前对变压器绝缘部位的检测方式有电气试验、油简化试验或绝缘纸含水量试验等，如发现变压器绝缘老化或受潮等问题需立刻处理，保证变压器正常运行。

熔断器。易出现问题：由于温度较高从而导致和熔断器相接触的部分被烧坏；质量存在问题；型号可能出现问题；安装技术问题；在运行过程中出现问题，因此影响了熔断器的接触。如接触不良则需重新连接；如果出现型号不对或产品不达标问题熔断器就会被烧坏，这时就需更换质量合格、型号适合的熔断器，以此满足一次设备的运行需求。

2. 加大应用先进设备

随着现代技术的不断发展，可在电网中使用先进的设备，尤其是一些维护周期较长的设备，使用先进的设备可减少设备维修次数以及维修人员时间。因此应加大对新设备的应用以及推广，从而将供电系统的安全性和可靠性提高。

3. 确保充足的维修人力

我们无法避免供电系统会出现故障，但出现问题后可以保证第一时间对供电系统的抢修以及维护，所以在不同的地方应当配备相应的抢修人员，能确保在第一时间恢复电力。维修人员应对不同的供电故障情况进行总结，针对这些情况及时做出预防措施，避免突发事件的发生。

三、电力系统安全通信机制的探究

在我国实现现代化进程中，随着电力产业的快速发展，受外界环境的影响，电力系统在运行过程之中的通信安全隐患始终存在，一旦在运行中通信系统出现问题，不仅会影响整个电力系统的正常运行，而且还会给后期的维护工作造成巨大的困难，所以对电力系统安全通信机制进行分析研究具有重要的现实意义。

（一）优化电力系统安全通信机制策略

1. 保证电力通信系统的完整性

电力通信系统安全的完整性整个电力系统各个环节内部所使用的参数可以实现准确无误，但是现阶段的电力通信系统中存在少数非法人员通过一定的非法手段对电力通信系统中的参数进行恶意修改，进而使得整个电力系统的通信机制难以正常运行，给电力单位造成巨大的经济损失。一般来说电力通信系统的完整性主要包括过程完整性、系统完整性以及数据完整性，其中最为严重的完整性破坏是对数据完整性的破坏，它指的是非法人员对变电站内部 SCADA 参数的修改，此种修改不但难以被检测出来，而且会使得数据不能达到原有的目的。所以电力企业应该采用以下几种措施：第一，要求企业内部的工作人员在使用网络时安装杀毒软件，提升网络安全意识；第二，定期组织工作人员对变电站内部的 SCADA 数据进行系统性的检查，一旦发现内部的数据异常，应该及时解决，以免后期对电力系统产生负面影响。

2. 及时加入通信身份认证

随着我国网络技术的发展，部分不法分子会假装成工作人员进入网络系统中，所以对此种现象，工作人员应该及时加入通信身份认证，若工作中发现有身份不明的人员进入网络系统，或者出现系统安全通信机制参数的修改现象应该第一时间对其身份进行二次确认，必要时利用电话咨询此种参数修改是否正确，进而保证电力系统安全通信机制可以正常使用，实现电力系统的顺利运行。

3. 重视对信息的保护

虽然我国在电网建设之中取得了较为显著的成绩，但是在电力系统运行过程中，隐私信息被盗取的现象频频发生，此种信息可能是电力系统的运行数据，还有可能是用户的用电数据，若此些数据泄露，对用户和企业都会带来安全隐患。所以对于供电公司来说，应该保证电力系统安全通信机制保护企业内部信息的安全，并且充分考虑各个方面的影响因素，尤其是对于远程数据监控方面，电力企业可以使用标准设计通信安全机制，不仅可以实现信息的远程实时监控，而且还可以保护用户的隐私信息。另外，在变电站方面，工作人员可以根据其内部的远程配置情况，选择合适的信息通信安全机制，例如 SML 安全机制，进而满足 SCL 在配置过程中的安全需求，并且由于此通信系统具有松散性的特征，所以使得此通信机制更加适合于 MMS 通信协议之中，不仅可以满足电力系统的正常运行条件，而且还可以在系统的外部与内部之间增设一道保护屏障，实现对整个电力系统外部以及内部的有效保护。

综上所述，电力系统中的安全通信机制是保证安全系统可以正常运行的基础条件，是保证电力系统中各种信息安全的重要手段，所以电力工作人员应该保证电力通信系统的完整性、及时加入通信身份认证并且重视对信息的保护，为电力系统的通信提供保护手段，实现电力系统的快速稳定运行。

四、互联网背景下电力系统的运维管理

由于科学技术的进步以及信息化技术的发展，电力行业的发展取得了相当大的发展和突破。从目前电力行业的发展情况来看，其中仍旧还存在着很多的制约因素，比如企业决策者的因素、资金的投入因素等等，正是因为这些因素的存在才使得其系统的信息化发展受到了一定的限制，其信息化水平仍旧不高，相关的基础设施的建设也比较薄弱。针对于此，在这样的社会背景之下，该企业一定要对自身的运维管理模式进行创新，对其系统运行和维护加强控制，保证系统运行的稳定性和连续性。

（一）电力系统运维管理的必要性

在当下很多电力企业自身的系统信息化水平不足，相关的基础设施建设薄弱的情况下，就必须对电力系统的运维管进行改善和加强，借助互联网的信息化背景，实行信息化的管理模式。加强了运维管理之后能够对其运维中所存在的各项问题及时进行解决，能够将其企业中的工作人员自身的专业素质予以一定的提升，以保证运维的工作效率；另外加强管理之后也能够使运维更加具有规范性，更加有利于及时进行管理，也能够进一步提升管理的信息化；除此以外还能够给企业带来很多的经济效益。使电力企业能够取得长远又合理的发展规划，最终实现资源利用最大化。

（二）系统信息化发展过程中的制约因素

1. 企业决策者因素

在电力系统信息化发展的过程中经常会受到领导因素的制约，主要包含了领导自身的专业素质以及领导的意愿等，这些因素往往会严重制约着电力企业信息化的发展。要是企业的领导自身不具备一定的信息化素质以及对于信息化的认识不够到位，其企业就无法进行信息化的推广和发展，甚至有些领导会因为自身的认识不足，对信息化产生了一定的偏见，还会亲自阻挠信息化进入电力企业之中。要是其企业中的领导者自身具备一定的高素质，能够正确认识信息化的发展，就能够将信息化的建设放入企业未来的发展战略之中去，然后以此推动企业的信息化发展。在企业信息化工作进行过程中有一个自身具备很高信息化素质的领导便能够促使该工作顺利进行。

2. 专业人才因素

不管是哪种类型的企业，要想获得发展以及信息化的推进最不能够缺少的因素就是人才的应用，对于电力企业来说也是如此。一般这类人才，自身是先要具备很高的专业技能，除此之外还具备一定的信息化素养，能够对信息化有正确的认识和见解。在电力企业信息化的发展过程中必须要依靠这些技术性人才的帮助以及付出，但是实际的情况中这种类型的人才非常缺乏，主要原因是很多高校在进行人才培养的时候对其不够注重；另外很多人对该专业的认识也不够到位，正是因为人才的缺乏导致了整个信息化行业的发展受到制约，也导致了电力企业信息化的发展进程受到严重的阻碍。

3. 资金投入限制因素

对于电力企业来说推行信息化是一项非常复杂的系统性工程，在这其中需要投入大量的资金才能够获取一定的经济利益。很多的企业在前期的资金投入中基本上都是依靠自身资本的累积，并没有一定的政策扶持以及其他一些资金渠道的支持，所以就造成了投资力度不足，影响到了信息化的发展速度。因此其经费的投入力度也造成了信息化发展受到制约的关键因素，电力企业中信息化的发展必须要依靠强力的资金投入，相关的政府部门以及社会中其他一些具有雄厚资金的企业要能够掌握其发展的优势，加大对电力企业信息化发展的投资力度，使其发展速度能够得到提升。

（三）管理与实践工作内容分析

1. 事故管理

从字面意思来理解事故管理就是对一些突发性的事件能够在第一时间内做出响应，并且能够根据发生的具体原因及时进行处理，以帮助电力企业可以快速地恢复基本服务，然后对事件后续的发展以及处理结果进行追踪，保证其不会再次发生。在其管理过程中事故的管理是一种从始至终都存在的内容，它能够对一些引起故障的原因以及服务质量下降的因素进行记录，使得电力系统运行能够维持基本的连续性和稳定性。

在事件管理中主要包含有五个方面的内容，一个是进行资源申请，一个是故障的报修，另外还有投诉管理等等。其管理的重点方向则是要能够对事件进行快速反应、快速处理，使其电力系统能够快速恢复。

2. 问题管理

问题管理从一定意义上来进行理解就是对其运行维护中存在的一些潜在问题及时查找出来，然后对该问题进行分析，最终制作出来一定的解决方案以及工作机制等。在这一管理过程中主要包含有对问题的申报、问题的审批、问题的处理以及问题的归纳等具体内容。该管理存在的主要目的也就是能够及时提供出来电力系统发展中一些突发事件的处理方式和彻底的解决方案，以及对一些潜在问题制作出来应急方案。

在问题管理中主要包含有四个方面的内容，包括了对实践中一些问题隐患进行申报，然后再进行审批，最终进行处理和归档，使得这些问题都能够有一个对应的解决方案进行处理。

3. 配置管理

在这其中配置管理所起到的基本作用就是能够给电力企业的发展提供一定的信息化基础设施的相关信息。在该内容之中具体的工作就是对一些已经处理过的事件的整改计划以及对还没有进行处理的事件做出详细的记录，然后形成一个事件的数据库以及对应问题的数据库，这样在发生类似问题的时候就能够通过服务台及时对相应的数据进行查询以借助其可以更加快速地对问题进行处理，使得同类事件处理的效率能够得到有效的提高。

在配置管理中主要是将数据库作为其核心内容，然后运用自身的数据库给其他服务提供一定的信息支持，以保证相关人员能够在最快的时间之内掌握到基本的信息系统，针对于此做出决策。

4. 发布与变更管理

原先的电力系统运维模式中要是出现一些突发性的事件的话，就会因为其本身没有相应的处理流程以及具有规范化的运维管理制度和体系，使得在处理事件的时候往往很难下手，这样就会使得电力系统长时间地处在一个服务中断的状态下，使得电力企业的工作效率受到严重的影响。总的来说还是企业缺少具有规范化的管理体系以及比较精细的管理流程，在新型的运维模式中变更管理能够对各项操作流程进行规范，加强操作上的管理，将出错的频率大大降低，给信息化水平的提升产生了非常大的助推效果。其目的主要在于能够降低因为变更而产生的一些服务中断的事件发生的频率，以保证系统运行的稳定性，使得整个服务可以更加连贯和有序。

对于一些管理信息内容进行发布的时候经常会涉及其软件代码的修改操作、职能的转变操作，还有对于一些新版本上线进行测试的操作等等一些基本的工作。在发布管理中就包含了对一些功能的测试以及相关发布内容的应用方案和评价工作等等，另外还涵盖有对各项信息以及文件进行验证和归档的工作。

通过以上的基本分析能够发现在互联网的背景之下电力系统的运维管理必须要向信息化的方向发展，只有实行信息化发展才能够保证其运维管理的有效性，才能够将运维管理进行加强。对此要对其中所有的阻碍因素进行系统分析，然后应用科学的管理方式进行有效管理。

五、电力系统二次安全防护策略研究

在信息社会中，电子网络信息技术与现代信息技术和现代社会生产的发展相结合，被广泛应用于现代电力企业的电力系统二次保护中。电力系统二次安全保护是网络技术发展和管理手段的必然要求。针对我国电力系统二次安全防护体系的现状以及如何采取科学有效的保护措施来保护电力系统免受现有问题的影响，期望相关从业人员对电力系统的安全保护给予足够的重视提高城市电力系统的运行的可靠性和安全性。

随着经济和社会的不断发展，中国的电力需求呈现出快速增长的态势。特别是在智能电力系统的建设中，在电力管理当中的信息网络技术发挥着越来越重要的作用传统的自动监控系统逐渐被自动控制系统所取代，与此同时，复杂的控制系统也掩盖了网情信息的隐患。为此，国家制定了电力监控系统保护和电力监控系统二次保护的相关规定，以确保电力监控系统的安全，稳定与正常地运行。

（一）进一步加强电力系统二次防护的网络系统

电力系统当中的防火墙有着两个重要的功能，其中之一是对于黑客恶意代码的攻击进行防范，另一个是对于入侵电力系统的病毒进行防护，所以防火墙在电力系统的安全防护工作当中有着非常重要的作用，在有危险因素的入侵时，安全检测系统会及时向防火墙发出警报信号，此二者的相互协调工作对于电力系统的二次安全防护工作有着非常积极的作用。

（二）建设更好的计算机网络信息架构

对电力系统的计算机安全防护系统的建设与进一步的改进对于实际的电力系统的工作有着较为重要的作用，电力系统当中的电力隔离自动化系统，发电系统以及电力信息流的监测系统都属于电力系统的信息安全保护系统，只有有关的技术人员对其中的信息安全保护系统进行隔离，才能够制定出更加稳定与安全的电力系统防护策略。根据既定的安全目标标准。为确保在电力企业的正常生产经营中，三个系统实现独立，无干扰，增强整个电力系统的安全性，稳定性和及时性，并实现最高的运行效率。

（三）建立病毒防护体系

电力系统的保护当中，对于入侵计算机的病毒的安全防护体系的建设有着非常重要的作用，整个系统中的关键安全保护设备是过滤防火墙，广泛应用于电力企业的大多数保护系统中。其工作原理是通过对数据源地址的访问，以及对其协议类型的访问与端口号数据的收集，来对传输的大型数据库的信息进行全面的检查。

在当下，随着我国经济的进一步的发展，我国的科技水平也在不断地快速发展，所以电力系统这个在当下至关重要的基础设施对于我国的发展有着很重要的作用，所以为了保证我国的快速发展，就必须要保证电力系统的安全稳定运行，所以需要不断地对我国的电力系统的二次安全防护工作做进一步的完善，对此，有关技术人员应当对于电力系统当中所出现的漏洞作针对性的技术改进，使用更加高级的现代化技术来避免恶意代码对电力系统的入侵，防止安全事故的发生，进而保证我国人民的生命与财产安全。

六、电力系统安全监控的理论及方法措施

电力支撑着国家经济的发展，电力系统运行的稳定性关系着国家经济的发展，也关系着社会的和谐和稳定而随着电网规模的逐渐扩大，其所发生的安全事故的影响范围也越来越大，安全问题更加凸显。本次研究就针对电力系统安全监控的理论和方法措施进行了详细的探讨，希望相关人士借鉴。

数字化时代的来临，促进了电力系统信息服务功能的完善，这也在一定程度上扩大了电力企业的产业规模，而以当前电网的运行情况为出发点，可以发现，电力系统运行的稳定性在一定程度上与电力系统信息功能的正常与否有着密切的关系。所以，提高电力系统安全监控的水平，使电力系统在运行中所遇到的安全隐患问题能够得到及时的处理，为电力企业作业的高效性进行做好保障。

（一）电力系统安全监控的理论

目前，电力系统安全监控的思想大都是建立在可靠性理论的基础上的，然后再根据所选定的可靠性准则所计算出来的可靠性评估指标，并将此评估指标作为对电力系统进行安全监控的依据。但是，目前由于类似于事故链的多个事件的并发以及小概率事件的计算等问题在对其计算起来都非常复杂，加上其发生的概率非常小，导致这种可靠性的计算方法忽视了对这些事件的计算。但是有大量的实践证明了，多个事件的并发和小概率事件也正是电力系统进行安全监控一定要认真考虑的核心问题。所以说，从监控人员以及监控设备安全性的前提进行考虑，应该对相关的监控理论进行完善。

1. 电力系统安全性的分析

对电力系统的静态运行情况进行安全分析，也指的是当电力系统发生安全事故后稳态运行情况所发生的安全性，但是对于当前运行状态后向事故稳定状态的动态转移情况不做任何考虑。预想事故应集中系统中电气支路的连接和断开，以及系统中发电机的连接和断开，对这两种事故的安全性进行评定。此时利用电力系统的安全性分析，能够简单、快速并且便于实施计算。但是对于一些比较严重的安全事故（如大负荷线路的断开或者连接，大机组的断开或者连接等），在对其进行处理时，采用电力系统进行安全分析时，其结果的精度就会比较差。一般情况下，电力系统的动态安全分析是对预想事故后系统的暂态稳

定性进行的评定，传统的方法则是离线计算的数值积分法，也就是需要在各个时间段对描述电力系统运行状态的微分方程组进行求解，进而得到每一种状态下，其变量随着时间所变化的一种规律，通过计算出的这种规律对电力系统运行的稳定性进行判别。此种方法优点如上，但是也存在这一些缺点，如最为明显的一点就是计算量比较大，并且所得出的结果只是电力系统运行的动态过程，并不能对电力系统运行的稳定性进行迅速的辨别，所以，未能很好地满足实时要求。

2. 电力系统的等值

电力系统控制范围的扩增以及互联网的形成，导致在对电力系统和规划设计和运行方式进行计算的过程变得更加复杂。为了降低计算机的负担，可利用等值，将原先的计算过程用等值参数进行代替，则能够有效缩小电力系统的规模。计算等值的方法有拓扑等值法和相非拓扑等值法。

（二）电力系统安全监控的措施

1. 安全稳定控制电力系统的分层与协调

由于考虑到电力系统具有分布地域广、暂态过程发展变化快等特点，所以，在对电力系统的状态信息进行收集时，一定要在较短的时间内完成，这样才能实现全网的集中控制。但是这种控制方式不但在技术上难以实现，并且其还存在着比较差的扩展性和安全性，另外，经济上也并不可取。因此，结合电力协系统运行的实际情况，采用分层控制的方案比较可取，也就是将整个电力系统逐层分解成若干个子系统，再根据各个子系统的特点，安装一些局部控制装置，若干个局部控制装置最终组成一个综合性的安全稳定运行控制装置。如中央调度控制装置是由远端系统和计算机共同组成，并将此装置放置在中央调度中心，并且电力系统运行中的所有的信息都是由此装置进行收集和处理，同时还要对计分区局部装置的工作进行协调。而子系统的主要控制装置是由远端系统和计算机所组成的，将各个子系统的控制装置在地区调度所或者枢纽变电站内，由其对各区域内电力系统在紧急情况下的安全稳定运行的运行情况进行控制。

2. 安全稳定控制电力系统的微机化和智能化

计算机技术的迅速发展，使其在各行各业的发展中得到了广泛的应用。电力行业也不例外，电力系统已经利用计算机技术构成了继电保护装置和安全自动装置，所有的装置都具有综合性的功能，如常见的快关气门、电气制动、PSS 等组成的发电机综合控制装置。此种装置通过计算机技术实现了装置的创新，其能够对收集到的信息进行实时处理，并且对部分装置进行协调和控制，由于其具有这种优势，所以，当电力系统线路中出现故障后，继电保护装置就会在最短的时间内对故障点以及故障的范围做出准确的判断，进而采取有效的控制措施，将电力系统中的故障及时消除，将故障所造成的影响降到最低。再比如，利用计算机技术所构成的新型继电保护装置，不但能够对其中的信息进行实时计算，还能对继电器难以实现的一些功能进行模拟。

3. 对电力系统在线实时安全稳定地分析和控制

对电力系统的运行情况实时安全稳定的分析和控制也是现代化电力系统进行安全监控的主要发展方向。目前，我们从理论和实际两个方面着手来保证电力系统运行的稳定性。在理论方面，重点对大系统分解成局部系统，进而通过局部控制保证整个电力系统稳定运行的情况进行分析。而在实际中，需要对利用实时状态量构成稳定性的实用判定依据进行研究。我们将在线实时安全稳定监控功能的发展分成了两个阶段，第一阶段则需要实现在线预想事故下的动态安全分析，也就是说当判断出可能要发生预想事故时，要及时对系统在预想事故下运行的稳定性进行判断，进而为电力系统的安全稳定运行提供各种安全的自动装置以及保护控制方面的协调方案。第二个阶段则是实现在线的安全稳定闭环控制系统。在经过大量的实践后，第一个阶段方面的研究已经取得了相应的成效，国内外有电力企业已经将其试用在电力系统电路的运行中。并且，专家们一致认为，计算机技术、现代通信技术的广泛使用，在线的安全稳定闭环控制系统的建立也会在不久后变成现实。

总之，电力系统安全监控方案以及实施措施应该在最初电力系统进行规划和设计的时候就考虑进去，各个规划部门以及设计部门以规定的可靠性准则为依据，对电力系统在各个发展阶段的规模进行校核，不但包括电力系统中发电机的容量以及配置等，还包括整个电力系统电网结构的输送容量，在校核完后，使电力系统中的发电机和整个电网结构均能够与电力系统中各个地区负荷的增长情况相适应，并预留好备用的容量。这种电力系统发展规模与地区负荷增长情况的适应，需要在有功功率和无功功率均达到平衡的状态下进行，如果无功功率不足就会导致线路中电压下降，造成电力系统瓦解，同时也要注意各个薄弱环节的结构，避免安全事故的发生。

七、提高电力系统供电可靠性的方法

电力系统向用户提供电力的过程中，需保证电能的持续、有效供应，以保障用户的正常生产、生活。供电可靠性是衡量电力系统电能质量的重要指标，也是衡量国家电力企业发展水平的重要标准。电力供应可靠性关系到电网规划、电网运行以及电网管理等多个环节，因此提高供电可靠性将有利于提升企业竞争力，树立良好的社会形象。

（一）电力系统供电可靠性的内涵

供电系统可靠性主要包括电源可靠性和系统可靠性。我国《民用电气设计规范》中明确规定了供电电源可靠性。对于一级负荷供电系统，需设置两个电源进行供电。如果其中一个电源出现问题，另一个电源将承担供电任务；对于二级负荷供电系统，必须设置两条回路，回路中可设置电缆或者架空线，以有效解决小范围供电困难的问题；对于负荷较高的系统，还需加设应急电源，避免故障时发生大面积停电现象。如果建筑物中设置两个电源，需采用同级电压的供电方式，以提升电压利用效率。不同地区的供电需求和供电条件存在差异，需根据具体情况设置不同级别的供电电压。

（二）影响电力系统供电可靠性的因素

1. 技术因素

随着经济和科技的发展，电力系统获得了飞跃式进步，配电网技术不断改进。

2. 管理因素

电力企业的用电管理直接影响用户的用电质量。电力企业的传统管理模式注重上级供电任务的下达，轻视用电质量的提高，特别是对农村电网供电可靠性的关注度严重不足。供电过程中，造成电网断电的主要原因是人为或者事故。人为断电是计划性断电，但由于断电计划不合理和断电管理粗放等问题，导致电力企业内部管理问题频发。如果各部门间未做好协调工作，必将导致停电事故处理中发生更多漏洞，如停电次数增加、停电时间延长等，影响供电的可靠性。

3. 自然灾害因素

自然灾害是影响电力系统供电可靠性的主要因素。配电线路和电网设备等长期工作于户外，因此风、雨及雷电对电网的损害非常严重。特别是野外地区，恶劣环境对电线的损害更大。同时，河流的地质作用易导致杆塔出现倾斜和倒塌事故，降低了供电安全性。

（三）提高电力系统供电可靠性的对策

1. 加强目标管理和完善考核机制

目标管理模式有利于开展主动预防工作，消除被动管理弊端，防止电力检修中出现无序管理，促进供电系统的健康运行。具体地，电力企业引入目标管理模式，各部门做好年度计划作，并根据具体的工作情况制定可靠性控制目标。此外，制定目标时，需根据地区、城市以及用户的实际情况监测电力传输可靠性水平。目标确定后，电力企业细化总目标，并落实到具体的班组和个人。要完善企业考核机制，严格根据规章制度考核工作人员的具体工作情况，提高供电可靠性。

2. 合理规划停电计划

电力企业的停电管理需保证停电计划的科学性和合理性，通过与各部门协调，制定停电前、停电中及停电后的监管和控制计划。具体地，可针对相应的条件制定停电计划，如停电计划的设置需满足供电可靠性的要求。对于用户的接火停电需求，电力部门需按照电力企业的制度和审批程序提前一个月申请，并根据批示执行，防止重复停电。停电协调中将涉及多个部门，因此电力企业需定期召开配网设备停电协调会议。会议讨论、制定及分析配电网的月度、年度检修计划，同时建设配电网停电联动机制，使主网和配网的建设从立项、设计、施工到后期运行均联动进行，从而保证电力工程施工中停电时间的一致性，防止重复停电。此外，电力企业需做好停电计划的事前评估、事中控制以及事后分析工作，保证停电计划和转电操作方案的科学性。停电后，需监督和控制送电情况。如果无法在规定时间内送电，需及时启动应急管理机制，防止因管理不当降低电力系统的供电可靠性

3. 加强转供电工作的规范

停电规划统筹过程中，电力企业需根据转供电计划使转电对象逐渐由线路转变为用户。电网转供电过程中，必须严格遵循逢停必转的原则，转供电计划实施前，需处理和隔离电网故障，防止影响非故障段用户的用电。转供电计划实施中，调度中心需制定合理的转供电统筹管理规划，以保证转供电实施计划的科学性。此外，调度中心需统计和分析转供电的月度情况，从而保证考核工作的量化。为提升电力操作人员的转供电效率，需减少转供电时间，要严格按照规划进行电力设备倒闸操作，转供电工作涉及多个区域，因此供电企业需设置多组工作人员，并提升工作人员的相互配合能力，从而提高供电可靠性。

（四）注重配网自动化的建设

配网自动化的建设有利于提升供电可靠性，减少停电时间电力企业需注重对配电网自动化技术和设备的引入，为配网自动化的发展奠定基础。配电自动化设备具有远程监控功能，可远程隔离和控制配电网的故障，保证供电可靠性；此外，自动化操作设备还通过网络实时监测配电网运行状态，保证电力设备的有效运行。如果电网出现故障，自动化设备将自动上报故障问题和故障位置，有力保证了供电可靠性。

经济和科技的发展使社会对电力的要求不断提升，电力企业需完善电力系统，构建配套设施。目前，我国配电网电力系统的建设在安全、可靠、限时及管理等方面存在缺陷，需加大电力系统的优化力度，保障经济的发展和人们的正常生产、生活。

八、电力系统信息通信的网络安全及防护

随着信息技术的不断发展，信息技术也逐渐蔓延到了电力行业。信息技术在电力系统的不断应用，可以提高生产电力的质量。电力通信系统开始向系统化自动化的方向发展，计算机能够通过智能系统与计算机软件的结合实现办理电子业务等财务管理，简化了系统

的流程环节，极大提高了工作效率。随着信息化水平在电力系统的不断提高，电力系统信息通信网络安全就需要达到更高的标准。

电力系统的信息通信网络在电力系统中起着举足轻重的作用，其特点也很明显。第一，电力系统的信息网络具有高专业性和综合性。电力信息网络技术专业涉及的知识需要专业的人才才可以能胜任，一般只了解一点的工作人员根本参与不了这项工作。电力系统信息网络技术涵盖的领域十分广泛，主要涉及计算机技术，自动化技术还有电力系统技术，十分繁复。第二，电力系统信息通信网络的环节多且地域性强。其包含的环节有配电、传输和用电等，环环相扣。由于各个地区的发展程度不同，电力系统在各个区域与国家等的要求不尽相同，这就使得电力系统的信息通信网络具有不同的建设规模和运营情况。第三，电力信息网络技术受限于国家的发展程度、政策和科技水平。如果国家的发展程度缓慢，科技水平会受到限制，势必会影响到电力信息网络技术的发展和应用。一旦国家调整在电力系统信息通信网络方面的政策，也会影响到这项技术的发展和应用。毕竟电力系统是一个涉及国家的大工程，涵盖范围广泛，国家的动向会影响到这项技术。目前，我国已经在全国建立起较为全面的地理信息网络，却还是在管理上存在一定的缺陷。这主要是因为我国的国土面积大，各地的科技发展程度不尽相同，对于管理方面就会出现相应的难度。管理人员一直都在寻觅符合我国国情的有效办法和措施，切实解决我国电力信息通信网络的难题。

电力系统的网络安全防护十分重要，因为在电力系统的运行环节，信息网络出现隐患会直接影响电力系统的正常运行，从而影响供电质量。随着科学技术的不断发展，信息网络在电力系统中的地位越来越高，所以加强电力系统信息通信网络的安全性具有十分重要的意义。

保证电力系统的信息通信网络安全，防止病毒的入侵是关键。"网络病毒"是计算机病毒的一种，具备良好的隐蔽性，而且其传播速度特别快，对电力信息网络产生的影响巨大。电力系统被病毒入侵后，会导致电力系统的信息数据泄露，这样就会影响系统的正常运行。所以，防止病毒入侵对于保证电力系统的信息网络安全至关重要，从而可以避免电力系统的信息数据的丢失。

（一）电力系统信息通信网络存在的安全风险

1. 电力系统内部的安全风险

电力系统的内部安全风险属于信息通信网络风险。随着信息技术的不断提高，信息通信技术在电力系统的应用也越来越广泛，一旦电力系统存在较多的安全风险，就会对信息通信系统产生很多危害。电力系统的网络中存在着很多的电磁辐射源，会增加电力系统的安全风险和防护力度。

2. 网络设备安全风险

网络设备的安全风险是电力系统信息通信网络安全风险中最常见的安全风险。由于我国在电力系统的设备的制造上还不成熟，很多电力系统设备依靠国外进口。一旦这些电力系统的设备出现故障，就需要国外的技术人员来处理，因此对于这些设备的质量进行掌控。这些网络设备如果出现安全风险，如被黑客破解密码，就会造成不可挽回的损失。

3. 网络运行管理安全风险

为提高电力系统的信息通信网络安全，我国实施的是内、外网分离的措施。即使采用这样的对策，电力系统在运行环节仍然存在很多的网络风险，之后对电力系统进行了详细的分析，网络运行的管理出了问题。如果管理人员对电力确认系统信息通信网络的管理不到位，可能会泄露大量重要信息。比如在网络运行过程中被植入病毒，就会影响电力系统信息通信网络的运行安全，引发信息泄露造成重大损失。

（二）电力系统信息通信的网络安全的防护措施

1. 加强电力系统内部管理力度

电力系统的信息数据传输量通常是很大的，这就需要更加全面而科学的电力系统信息通信网络管理体系。电力企业必须加强建立全面的电力系统信息网络管理体系，只有这样才能保障电力信息数据可以准确地传输，内部管理人员在工作时要对自己的工作负责，加强对电力系统的信息通信网络系统的风险控制。以下是实现电力通信数据的精准与安全传输的几方面建议。

第一，在电力网络通信技术的建设方面，可以多投入一点资金。在风险风控方面，可以多引进一些先进的国外防控风险的新技术。在电力信息的监管方面，可以实施高效率的监管措施。为防止非法入侵，可以专门对黑客入侵的方向进行研究，同时适时地对系统进行更新。这样才能保证电力数据的准确传输与使用。

第二，设置强力防火墙。加强系统对陌生 IP 地址进入权限管理，未经系统允许，就进入不了电力系统的信息管理中心。

第三，使用密保技术。可以定期更换电力信息系统的密码，或公开密钥，并加密处理电力信息系统的信息。这样基本可以保障电力数据的存储与传输的安全。

2. 提升网络设备的安全性

为提高电力系统信息通信网络安全，就需要在网络设备上提高安全性。由于很多电力设备都是进口的，在网络设备的管理方面，要对设备的使用和运行进行综合管理。为减少进口设备的安全风险，大型电力企业应尽可能采用国产电力网络设备。国产网络设备近几年的性能有所提高，对于安全风险的控制也提升不少，国内先进设备可以对质量达到控制要求。因为我国电力系统的信息通信网络是大范围分布的，数据信息多而复杂，所以电力企业应该对信息进行加密保障信息的安全。

为提高电力系统信息通信网络安全，就需要在网络设备上提高安全性。由于电力信息网络设备的市场在我国比较复杂，很多电力设备都是进口的，网络安全风险大。为了尽量减少进口设备对我国电力系统信息网络的安全风险，在网络设备的管理方面，要根据设备的运行状态进行综合的网络管理。

建议那些大型的电力企业尽量使用国内先进的电力网络设备。因为这样可以保证电力网络设备质量的可控性。一旦电力网络设备出现故障，就可以适时地对故障设备进行维修、减少维修时间。而且现在国内电力网络设备发展迅速，性能可靠。这样大型电力企业就可以有效控制电力网络设备的质量，在电力设备的管理上也会增强，从而可以提高电力信息的安全性。

电力企业应该建设全面的电力数据保护体系。因为电力数据在传输中中断，会减慢电力系统的运行速度。因此，电力企业应采取相应的措施，如对信息数据进行加密，这样就可以减少信息泄露，保障电力信息数据传输的准确性。这样的信息加密方法可以有效解决我国因为幅员辽阔而结构分布不合理的电力信息网络，降低了电力数据的管理难度，保证了数据传输的安全。

3. 提高网络运行管理水平

电力企业应该加强电力系统信息通信的网络管理工作。管理人员应该依据电力系统的使用和运行的特点来对电力系统网络的运行进行优化管理，更要建立全面的管理体系。为完成以上目的、就需要专业的管理团队。专业的管理团队可以使电力系统的网络管理工作的力度加强。像设备下线工作，就需要专业的人员来处理，对工作进行评估和记录，如果是错误的信息可以删除掉。

网络安全管理人员在工作时应该操作规范，有效管理电力系统网络，电力系统的网络设备配置要进一步加强，更应该熟悉诊断故障的各个重要方法，既要保障电力系统的网络正常运行，又要保障电力系统的管理效果，尽量减少管理人员的操作不当使网络受到黑客入侵的风险。网络管理部门在处理离线设备的信息时，为了尽量不发生电力的重要信息泄露的事件，应该多进行员工的安全教育，这样电力系统才能正常、安全、可靠地运行。

为加强电力系统信息网络的安全，可以使用 CA（证书授权）用户身份认证的方法。CA 用户身份认证是对网络证书签名确认，从而达到管理证书的目的。CA 身份认证可以有效限制非法用户的访问权限，避免重要的信息数据泄露，为电力系统信息通信的网络安全提供了保障。

第二章 电网的电流电压保护

第一节 单侧电源网络的相间短路的电流电压保护

一、电流继电器

电网发生相间短路时，一个明显的特征就是故障相电流突然增大，因此，通过检测电流的变化可以判定故障的发生，这就是作为故障测量元件之一的电流继电器的功能。

电流继电器是实现电流保护的基本元件，也是反映一个电气量而动作的简单继电器的典型。

电流继电器有很多类型，如电磁型、晶体管型和集成电路型等，无论何种类型的电流继电器，它们总有一个动作电流 $I_{op.r}$ 和一个返回电流 $I_{re.r}$。

动作电流 $I_{op.r}$：能使继电器动作的最小电流值。当继电器的输入电流 $I_r < I_{op.r}$ 时，继电器根本不动作；而当 $I_r \geq I_{op.r}$ 时，继电器能够突然迅速地动作。

返回电流 $I_{re.r}$：能使继电器返回原位的最大电流值。在继电器动作以后，当电流 I_r 减小到 $I_{re.r}$ 时，继电器能立即突然地返回原位。无论启动和返回，继电器的动作都是明确的，它不可能停留在某一个中间位置。这种特性称为"继电特性"。

返回系数：即继电器的返回电流与动作电流的比值。可表示为：

$$K_{re} = \frac{I_{re.r}}{I_{op.r}}$$

显然，反映电气量增长而动作的继电器（如电流继电器）的 K_{re} 小于1，而反映电气量降低而动作的继电器（如低电压继电器），其 K_{re} 必大于1。在实际应用中，常常要求电流继电器有较高的返回系数，如 $0.8\sim0.9$，微机电流保护有的可达到 0.95。

老式的继电保护装置都是由许多继电器组合而成的，如电流、电压、时间、中间、信号、差动、功率方向、阻抗继电器等。与微机保护相比，装置较复杂，但对初学者来说，对装置的各部分均可看得较清楚，对了解和掌握保护的原理会容易一些。

二、无时限电流速断保护

无时限电流速断保护又称为 I 段电流保护或瞬时电流速断保护。

根据对继电保护速动性的要求，保护装置动作切除故障的时间，必须满足系统稳定和保证重要用户供电可靠性。在简单、可靠和保证选择性的前提下，原则上总是越快越好。因此，应力求装设快速动作的继电保护，无时限电流速断保护就是这样的保护。它是反映电流增大而瞬时动作的电流保护，故又简称为电流速断保护。

对于反映电流增大而瞬时动作的电流速断保护而言，保护装置的启动电流以 I'_{op} 表示，显然，必须当实际的短路电流 $I_K \geqslant I'_{op}$ 时，保护装置才能启动。保护装置的启动电流 I'_{op} 是用电力系统一次侧的参数表示的。

现在来分析电流速断保护的整定计算原则。根据电力系统短路的分析，当电源电势一定时，短路电流的大小决定于短路点和电源之间的总阻抗 Z_Σ，三相短路电流可表示为：

$$I_K^{(3)} = \frac{E_\varphi}{Z_\Sigma} = \frac{E_\varphi}{Z_S + Z_K}$$

式中，E_φ 为系统等效电源的相电势；Z_K 为短路点至保护安装处之间的阻抗；Z_s 为护安装处到系统等效电源之间的阻抗。

由式 $I_K^{(3)}$ 可见，在一定的系统运行方式下，E_φ 和 Z_s 是常数，流过保护的三相短路电流 $I_K^{(3)}$ 将随 Z_K 的增大而减小，因此，可以经计算后绘出 $I_K = f(l)$ 的变化曲线。当系统运行方式及故障类型改变时 I_K 将随之变化。对每一套保护装置来讲，通过该保护装置的短路电流为最大的方式，称为系统最大运行方式；而短路电流为最小的方式，则称为系统最小运行方式。对于不同安装地点的保护装置，应根据网络接线的实际情况，选取最大和最小运行方式。在系统最大运行方式下发生三相短路故障时，通过保护装置的短路电流为最大；而在系统最小运行方式下发生两相短路时，则短路电流为最小。

为了保证电流速断保护动作的选择性，对于保护1，其启动电流必须整定得大于本线路末端短路时可能出现的最大短路电流（即在最大运行方式下变电所C母线上三相短路时的电流 $I_{K.C.max}$），也即

$$I'_{op.1} > I_{K.C\cdot max}$$

引入可靠系数 $K'_{rel} = 1.2 \sim 1.3$，则上式可写为：

$$I'_{op.1} = K'_{rel} \cdot I_{K.C.max}$$

式中，K'_{rel} 是考虑短路电流计算误差、继电器动作电流误差、短路电流中非周期分量的影响和必要的裕度而引入的大于1的系数。

对于保护2，按照同样的原则，其启动电流应整定得大于 K_B 点短路时的最大短路电流 $I_{K.B.max}$，即

$$I'_{op.2} = K'_{rel} \cdot I_{K.B.max}$$

启动电流与 Z_K 无关，即与1无关，所以与曲线Ⅰ和Ⅱ各有一个交点。在交点以前短路时，由于短路电流大于启动电流，保护装置都能动作；而在交点以后短路时，由于短路电

流小于启动电流，保护将不能启动。对应这两点，保护有最大和最小保护范围。由此可见，有选择性的电流速断保护不可能保护线路的全长。

因此，速断保护对被保护线路内部故障的反应能力（即灵敏性），只能用保护范围的大小来衡量，此保护范围通常用线路全长的百分数来表示。当系统为最大运行方式且发生三相短路故障时，电流速断的保护范围为最大，当出现其他运行方式或两相短路时，速断的保护范围都要减小，而当出现系统最小运行方式下的两相短路时，电流速断的保护范围最小。一般情况下，应按这种运行方式和故障类型来校验其保护范围。规程规定，最小保护范围不应小于线路全长的 15%。

三、限时电流速断保护

由于有选择性的电流速断保护不能保护本线路的全长，因此，可考虑增加一段新的保护，用来切除本线路上速断保护范围以外的故障，同时也能作为速断的后备，这就是限时电流速断保护，又称为 II 段电流保护。对这个新设保护的要求，首先是在任何情况下都能保护本线路的全长，并具有足够的灵敏性，其次是在满足上述要求的前提下，力求具有最小的动作时限。正是由于能以较小的时限快速切除全线路范围以内的故障，故称为限时电流速断保护。

（一）工作原理和整定计算的基本原则

由于要求限时电流速断保护必须保护本线路的全长，因此它的保护范围必然要延伸到下一条线路中去，这样当下一条线路出口处发生短路时，它就要启动。为了保证动作的选择性，就必须使保护的动作带有一定的时限，此时限的大小与其延伸的范围有关。为尽量缩短此时限，首先规定其整定计算原则为限时电流速断的保护范围不超出下一条线路电流速断的保护范围；同时，动作时限比下一条线路的电流速断保护高出一个 Δt 的时间阶段。如图 2-1 所示。

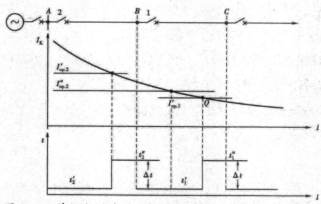

图 2-1　单侧电源线路限时电流速断保护的配合整定图

在图 2-1 中，保护 1 和保护 2 均装有电流速断和限时电流速断保护，启动电流的标注如图 2-1 所示，均为平行于横坐标的直线。图上 Q 点为保护 1 电流速断的保护范围，在此点发生短路故障时，电流速断保护刚好能动作，根据限时电流速断保护的整定计算原则，保护 2 的限时电流速断不能超出保护 1 电流速断的范围，因此，在单侧电源供电的情况下，它的启动电流就应该整定为：

$$I''_{op.2} > I'_{op.1}$$

引入可靠系数 K''_{rel}，则得：

$$I''_{op.2} = K''_{rel} I'_{op.1}$$

式中，K''_{rel} 为考虑到短路电流中的非周期分量已经衰减，故可选取得比速断保护的 K'_{rel} 小一些，一般取为 1.1~1.2。

（二）动作时限的计算

由图 2-1 可知，保护 2 限时电流速断保护的动作时限 t''_2，应选择得比下一条线路电流速断保护的动作时限 t'_1 高出一个 Δt，即

$$t''_2 = t'_1 + \Delta t$$

从尽快切除故障的观点看，Δt 应越小越好，但是，为了保证两个保护之间动作的选择性，其值又不能选择得太小，现以线路 B-C 上发生故障时，保护 2 与保护 1 的配合关系为例，说明确定 Δt 的原则：

$$\Delta t = t_{QF.1} + t_{t.1} + t_{t.2} + t_{g.2} + t_{Y}$$

式中，$t_{QF.1}$ 为故障线路断路器 QF 的跳闸时间，即从操作电流送入跳闸线圈 TQ 的瞬间算起，直到电弧熄灭的瞬间为止；$t_{t.1}$ 为考虑故障线路保护 1 中的时间继电器实际动作时间比整定值 t'_1 要大 $t_{t.1}$；$t_{t.2}$ 为考虑保护 2 中的时间继电器可能比预定的时间提早 $t_{t.2}$；$t_{g.2}$ 为护 2 中的测量元件（电流继电器）在外部故障切除后由于惯性的影响而延迟返回的惯性时间；t_{Y} 为裕度时间。

按上式计算，Δt 的数值一般为 0.35~0.6s，通常取 0.5s（微机保护取 0.3S 左右）。按此原则整定的时限特性如图 2-1 所示，在保护 1 电流速断范围以内的故障，将以 t'_1 的时间被切除，此时，保护 2 的限时速断虽然可能启动，但由于 t''_2 较 t'_1 大 Δt，因而从时间上保证了选择性。当故障发生在保护 2 电流速断的范围以内时，则将以 t''_2 的时间被切除，而当故障发生在速断的范围以外同时又在线路 A-B 的范围以内时，则将以 t''_1 的时间被切除。

由此可见，在线路上装设了电流速断和限时电流速断保护以后，它们的联合工作就可以保证全线路范围内的故障都能在 0.5 s 的时间内予以切除，在一般情况下都能满足速动

性的要求。具有这种性能的保护称为该线路的主保护。

（三）保护装置灵敏性的校验

为了能够保护本线路的全长，限时电流速断保护必须在系统最小运行方式下，线路末端发生两相短路时，具有足够的反应能力，这个能力通常用灵敏系数 K_{sen} 来衡量。对保护 2 限时电流速断而言，K_{sen} 的计算公式为：

$$K_{sen} = \frac{I_{K.B.min}}{I''_{op.2}}$$

式中，$I_{K.B.min}$ 为系统最小运行方式下线路末端发生两相短路时的短路电流；$I''_{op.2}$ 为保护 2 限时电流速断的整定电流值。

为了保证在任何情况下线路末端短路时保护装置一定能够动作，要求 $K_{sen} \geqslant 1.3$。当灵敏系数 K_{sen} 前不满足要求时，可能会出现当发生内部故障时保护启动不了的情况，这样就达不到保护线路全长的目的，这是不允许的。为解决此问题，通常考虑进一步延伸限时电流速断的保护范围，使之与下一条线路的限时电流速断保护相配合，这样其动作时限就应该选择得比下一条线路限时速断的时限再高出一个 Δt，一般取为 $1 \sim 1.2s$。这就是限时电流速断保护的整定原则之二，按此原则的整定计算公式为：

$$I''_{op.2} = K''_{rel} I''_{op.1}$$
$$t''_2 = t''_1 + \Delta t$$

四、定时限过电流保护

前面所介绍的无时限电流速断保护和限时电流速断保护的动作电流，都是按某点的短路电流整定的。虽然无时限电流速断保护可无时限地切除故障线路，但它不能保护线路的全长。限时电流速断保护虽然可以较小的时限切除线路全长上任一点的故障，但它不能作相邻线路故障的后备。因此，引入定时限过电流保护，又称为第Ⅲ段电流保护，它是指启动电流按照躲开最大负荷电流来整定的一种保护装置。它在正常运行时不应该启动，而在电网发生故障时，则能反应于电流的增大而动作。在一般情况下，它不仅能保护本线路的全长，而且也能保护相邻线路的全长，以起到后备保护的作用。

（一）工作原理和整定计算的基本原则

为保证在正常运行情况下过电流保护不动作，保护装置的启动电流必须整定得大于该线路上可能出现的最大负荷电流 $I_{L.max}$。然而，在实际确定保护装置的启动电流时，还必须考虑在外部故障切除后，保护装置应能立即返回。在如图 2-2 所示的单侧电源网络接线中，当 K_1 点短路时，短路电流将通过保护 5、4、3，这些保护都要启动，但是，按照选择性的要求应由保护 3 动作切除故障，然后保护 4 和 5 由于电流已经减小而立即返回原位。

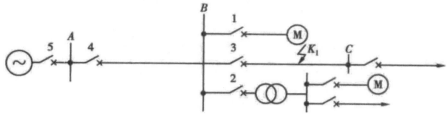

图 2-2　定时限过电流保护启动电流和动作时限的配合

实际上，当外部故障切除后，流经保护 4 的电流是仍然在继续运行中的负荷电流。另外，由于短路时电压降低，变电所 B 母线上所接负荷的电动机被制动，因此，在故障切除后电压恢复时，电动机有一个自启动的过程。电动机的自启动电流要大于它正常工作的电流，因此，引入一个自启动系数 K_s 来表示自启动时最大电流 $I_{\text{st. max}}$ 与正常运行时最大负荷电流 $I_{\text{L. max}}$ 之比，即

$$I_{\text{st. max}} = K_S I_{\text{L. max}}$$

式中，K_s 为一般取 $1.5 \sim 3\text{s}$。

为保证过电流保护在正常运行时不动作，其启动电流 I_{op} 应大于最大负荷电流 $I_{\text{L. max}}$，即：

$$I_{\text{op}} > I_{\text{L, max}}$$

为保证在相邻线路故障切除后保护能可靠返回，其返回电流应大于外部短路故障切除后流过保护的最大自启动电流，即

$$I_{\text{re}} > I_{\text{st. max}}$$

在上式中引入可靠系数 K_{rel}，并代入 $I_{\text{st. max}} = K_S I_{\text{L. max}}$，即

$$I_{\text{re}} = K_{\text{rel}} K_S I_{\text{Lmax}}$$

由 $K_{\text{re}} = \dfrac{I_{\text{re. r}}}{I_{\text{op. r}}}$，引入返回系数，得：

$$K_{\text{re}} = \frac{I_{\text{re}}}{I_{\text{op}}}$$

即得：

$$I_{\text{op}} = \frac{I_{\text{re}}}{K_{\text{re}}} = \frac{K_{\text{rel}} K_{\text{st}}}{K_{\text{re}}} I_{\text{L. max}}$$

式中，K_{rel} 为可靠系数，考虑继电器启动电流误差和负荷电流计算不准确等因素而引入的大于 1 的系数，一般取 $1.15 \sim 1.25$；K_{re} 为返回系数，一般取 0.85。

$$I_{op} = \frac{I_{re}}{K_{re}} = \frac{K_{rel}K_{st}}{K_{re}}I_{L.max}$$ 为定时限过电流保护的启动电流计算公式。当 $K"$ 减小时，保护装置的启动电流越大，因而其灵敏性越差，这就是为什么要求过电流继电器应有较高的返回系数的原因。

最大负荷电流 $I_{L.max}$ 必须按实际可能的严重情况确定。例如，图 2-3（a）所示的平行线路，应考虑某一条线路断开时另一条线负荷电流增大一倍；图 2-3（b）所示的装有备用电源自动投入装置（BZT）的情况，当一条线路因故障断开后，BZT 动作将 QF 投入时，应考虑另一条线路出现的最大负荷电流。

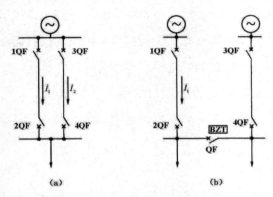

图 2-3 单侧电源串联线路中各过电流保护动作时限的确定

（二）按选择性的要求整定定时限过电流保护的动作时限

如图 2-4 所示，假定在每条线路上均装有定时限过电流保护，各保护装置的启动电流均按照躲开被保护线路上的最大负荷电流来整定。当 K_1 点短路时，保护 1~5 在短路电流的作用下都可能启动，但按照选择性的要求，应该只有保护 1 动作，切除故障，而保护 2~5 在故障切除后应立即返回。这个要求只有依靠使各保护装置带有不同的时限来满足。

保护 1 位于线路的最末端，只要电动机内部发生故障，它就可以瞬时动作予以切除 M 即为保护装置本身的固有动作时间。对保护 2 来讲，为了保证 K_1 点短路时动作的选择性，则应整定其动作时限 $t_2 > t_1$，引入 Δt，则保护 2 的动作时限为：

$$t_2 = t_1 + \Delta t$$

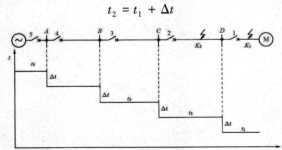

图 2-4 单侧电源串联线路中各过电流保护动作时限的确定

保护 2 的动作时限确定以后，当 K_1 点短路时，它将以 t_2 的时限切除故障，此时，为了保证保护 3 动作的选择性，又必须整定 $t_3 > t_2$，引入 Δt 后，得：

$$t_3 = t_2 + \Delta t$$

依此类推，保护 4、5 的动作时限分别为：

$$\left.\begin{array}{l} t_4 = t_3 + \Delta t \\ t_5 = t_4 + \Delta t \end{array}\right\}$$

一般来说，任一过电流保护的动作时限，应选择比下一级线路过电流保护的动作时限至少高出一个 Δt，只有这样才能充分保证动作的选择性。如在图 2-4 中，对保护 4 而言应同时满足以下要求：

$$t_4 = t_1 + \Delta t$$

$$t_4 = t_3 + \Delta t$$

$$t_4 = t_2 + \Delta t$$

式中，t_1 为保护 1 的动作时限；t_2 为保护 2 的动作时限；t_3 为保护 3 的动作时限。

实际上，t_4 应取其中的最大值，此保护的动作时限经整定计算确定之后，即由专门的时间继电器予以保证，其动作时限与短路电流的大小无关，因此称为定时限过电流保护。

当故障越靠近电源端时，短路电流越大，而由以上分析可见，此时过电流保护动作切除故障的时限反而越长，这是一个很大的缺点，因此，在电网中广泛采用电流速断和限时电流速断来作为线路的主保护，以快速切除故障，利用过电流保护来作为本线路和相邻元件的后备保护。由于它作为相邻元件的后备保护的作用是在远处实现的，因此它属于远后备保护。

由以上分析也可以看出，处于电网终端附近的保护装置（如图 2-4 中的保护 1 或 2），其过电流保护的动作时限并不长，在这种情况下，它就可以作为主保护兼后备保护，而无须再装设电流速断或限时电流速断保护。

（三）过电流保护灵敏系数的校验

过电流保护灵敏系数的校验类似式 $K_{\text{sen}} = \dfrac{I_{\text{K. B. min}}}{I''_{\text{op. 2}}}$，当过电流保护作为本线路的主保护时，应采用最小运行方式下本线路末端两相短路时的电流进行校验，要求 $K_{\text{sen}} \geq 1.3$；当作为相邻线路的后备保护时，应采用最小运行方式下相邻线路末端两相短路时的电流进行校验，此时要求 $K_{\text{sen}} \geq 1.2$。

此外，在各个过电流保护之间，还必须要求灵敏系数相互配合，即对同一故障点而言，要求；越靠近故障点的保护应具有越高的灵敏系数。如图 2-4 所示，当 K_1 点短路时，应要求各保护的灵敏系数之间有下列关系：

$$K_{sen.1} > K_{sen.2} > K_{sen.3} > K_{sen.4} > K_{sen.5}$$

在单侧电源的网络接线中，由于越靠近电源端时保护装置的整定电流值越大，而发生故障后，各保护装置均流过同一个短路电流，因此，上述灵敏系数应相互配合的要求是自然能够满足的。

当过电流保护的灵敏系数不能满足要求时，应采用性能更好的其他保护方式。

第二节 电网相间短路的方向性电流保护

一、方向性电流保护的基本原理

随着电力工业的发展和用户对连续供电的要求，由原来的单侧电源供电的辐射型电网发展为多电源组成的复杂网络或单电源环网。因此，上述简单的保护方式已不能满足系统运行的要求。例如，在图 2-5 所示的双侧电源网络接线中，由于两侧都有电源，因此，每条线路的两侧均需装设断路器和保护装置。假设断路器 8 断开，电源不存在，当发生短路时，保护 1，2，3，4 的动作情况和由电源 E_1 单独供电时一样，它们之间的选择性是能够保证的。如果电源 E_{II} 不存在，则保护 5、6、7、8 由电源 E_1 单独供电，此时，它们之间也同样能保证动作的选择性。如果两个电源同时存在，如图 2-5（a）所示，当 K_1 点短路时，按照选择性的要求，应该由距故障点最近的保护 2 和 6 动作切除故障。然而，由电源 E_{II} 供给的短路电流 I_{K1}'' 也将通过保护 1。如果保护 1 采用电流速断且 I_{K1}'' 大于保护装置的启动电流 $I_{op.1}'$，则保护 1 的电流速断就要误动作；如果保护 1 采用过电流保护且其动作时限 $t_1 \leqslant t_6$，则保护 1 的过电流保护也将误动作。同理，当图 2-5（b）中 K_2 点短路时，本该由保护 1 和 7 动作切除故障，但是，由电源 E_1 供给的短路电流 I_{K2}' 将通过保护 6，如果 $I_{K2}' > I_{op.6}'$，则保护 6 的电流速断要误动作；如果过电流保护的动作时限 $t_6 \leqslant t_1$，则保护 6 的过电流保护也要误动作。同样地分析其他地点短路时，对有关的保护装置也能得出相应的结论。

分析双侧电源供电情况下所出现的这一新矛盾可以发现，凡发生误动作的保护都是在自己所保护的线路反方向发生故障时，由对侧电源供给的短路电流所引起的。对误动作的保护而言，实际短路功率的方向都是由线路流向母线，这与其所保护的线路故障时的短路功率方向相反。因此，为了消除这种无选择的动作，就需要在可能误动作的保护上增设一个功率方向闭锁元件，该元件只当短路功率方向由母线流向线路时动作，而当短路功率方向由线路流向母线时不动作，从而使继电保护的动作具有一定的方向性。按照这个要求配置的功率方向元件及其规定的动作方向如图 2-5（c）所示。

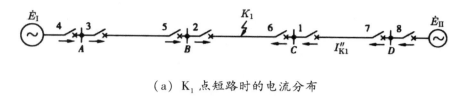

（a）K_1 点短路时的电流分布

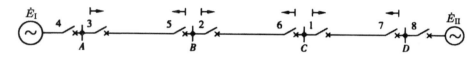

（b）K_2 点短路时的电流分布

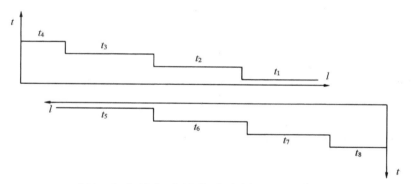

（c）各保护动作方向的规定

（d）方向过电流保护的阶梯形时限特性

图 2-5　双侧电源供电网络

当双侧电源网络上的电流保护装设方向元件以后，就可以把它们拆开看成两个单侧电源网络的保护，其中，保护 1~4 反应于电源 E_1 供给的短路电流而动作，保护 5~8 反应于电源 Eu 供给的短路电流而动作，两组方向保护之间不要求有配合关系，其工作原理和整定计算原则与前节所介绍的三段式电流保护相同。例如，在图 2-5（d）中画出了方向过电流保护的阶梯型时限特性。由此可见，方向性继电保护的主要特点就是在原有保护的基础上增加一个功率方向判别元件，以保证在反方向故障时把保护闭锁使其不致误动作。具有方向性的过电流保护的单相原理接线如图 2-6 所示，主要由方向元件 1，电流元件 2 和时间元件 3 组成，方向元件和电流元件必须都动作以后才能启动时间元件，再经过一定的延时后动作跳闸。

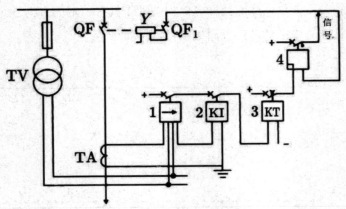

图2-6   方向过电流保护的单相原理接线图

二、功率方向元件的工作原理及其接线方式

(一) 相位比较式功率方向元件

如图2-7所示，取保护3进行分析，当正方向故障（K_1点），$\varphi_{rA} = \arg \dfrac{\dot{U}_A}{\dot{I}_{K_1}} = \varphi_{K_1}$，即测

量到的阻抗角为正向短路的阻抗角（也就是此时电压与电流的夹角）。因为输电线一般为

感性，所以此角的范围为$90° \geqslant \varphi_{K_1} \geqslant 0°$（$\varphi_{K_1}$也即为线路的阻抗角$\varphi_L$）。

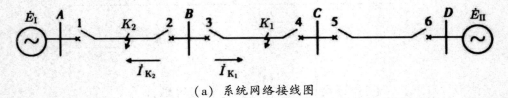

（a）系统网络接线图

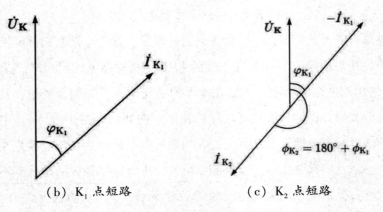

（b）K_1点短路   （c）K_2点短路

图2-7   功率方向元件工作原理分析

当保护 3 处反方向短路时（K_2 点），通过保护 3 处的电流 $\dot{I}_{K_2}$ 反向，即 $\varphi_{rA} = \arg\dfrac{\dot{U}_A}{\dot{I}_{K_2}} =$ $\varphi_{K_2} = 180° + \varphi_{K_1}$，此时 φ_{rA} 的取值范围为：当 $\varphi_{K_1} = 0°$ 时（纯电阻线路）$\varphi_{rA} = 180°$，当 $\varphi_{K_1} = 90°$ 时（纯电感线路），$\varphi_{rA} = 270°$。一般输电线路呈感性（含一定的电阻），所以反向短路，φ_{rA} 的取值范围为 $270° \geqslant \varphi_{rA} \geqslant 180°$。人们将 $90° \geqslant \varphi_{K_1} \geqslant 0°$ 作为动作条件，功率方向元件动作特性如图 2-8 所示。

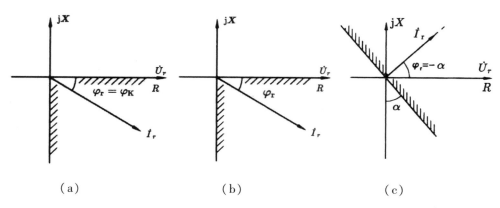

图 2-8 功率方向元件动作特性

由以上分析可知，任何一相功率方向元件的动作条件为：

$$90° \geqslant \varphi_r \geqslant 0°$$

即 $90° \geqslant \arg\dfrac{\dot{U}_r}{\dot{I}_r} \geqslant 0°$

$\dot{U}_r$，$\dot{I}_r$ 为通过保护处测量到的电压与测量电流，此动作条件在复平面上表示为 1/4 个平面，即图 2-8（a）。或 $90° \geqslant \arg\dfrac{\dot{U}_r}{\dot{I}_r} \geqslant 0°$ 也可以转变为功率方向元件动作功率来表示，即

$$P = U_r I_r \cos\varphi_r > 0$$

$$\cos\varphi_r > 0$$

只要 P>0，功率方向元件就能动作，所以满足 $\cos\varphi_r > 0$ 的 φ_r 取值范围实际上还可以扩展到：

$$+90° \geqslant \varphi_r \geqslant -90°$$

也就是半个复平面，如图 2-8（b）所示（同样以电压为参考）。

考虑到功率方向元件本身有一内角 α，其大小决定于方向元件的内部参数，可以调

整。对于反映相间短路的功率方向元件，α 常取为 30°或 45°。这样实际应用的功率方向元件的动作条件为：

$$90^{\circ} \geqslant \arg \frac{\dot{U}_\mathrm{r} e^{j\alpha}}{\dot{I}_\mathrm{r}} \geqslant -90^{\circ}$$

$$或 90^{\circ} \geqslant (\varphi_\mathrm{r} + \alpha) \geqslant -90^{\circ}$$

$$或 90^{\circ} - \alpha \geqslant \varphi_\mathrm{r} \geqslant -90^{\circ} - \alpha$$

在复平面上表示的动作区如图 2-8（b）所示。

方向元件能动作的功率为：

$$P = U_\mathrm{r} I_\mathrm{r} \cos(\varphi_\mathrm{r} + \alpha) > 0$$

当 $\varphi_\mathrm{r} = -\alpha$ 时，$P = P_{\max}$，方向元件动作最灵敏，所以把 $\varphi_\mathrm{T} = -\alpha$ 称为最灵敏角 φ_{sen}。

通常，反映相间短路的功率方向元件均是接入故障相电流，而接入的电压 $\dot{U}_r$ 常常是另两相的相间电压，称为 90°接线，即 $\dot{I}_\mathrm{r} = \dot{I}_\mathrm{A}$，则 $\dot{U}_r = \dot{U}_\mathrm{BC}$，其他两相亦然。如图 2-9 所示，是假设 $\cos\varphi_\mathrm{r} = 1$ 来定义的（实际上 $\dot{U}_\mathrm{A}$ 与 $\dot{I}_\mathrm{A}$ 的夹角不为零）。

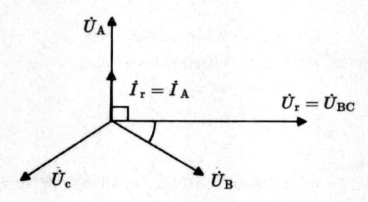

图 2-9　90°接线的相量图

此时，各相功率方向元件的动作条件（动作方程）为

$$\left.\begin{array}{l} 90^{\circ} \geqslant \arg \dfrac{\dot{U}_\mathrm{BC} e^{j\alpha}}{\dot{I}_\mathrm{A}} \geqslant -90^{\circ} \\[3ex] 90^{\circ} \geqslant \arg \dfrac{\dot{U}_\mathrm{CA} e^{j\alpha}}{\dot{I}_\mathrm{B}} \geqslant -90^{\circ} \\[3ex] 90^{\circ} \geqslant \arg \dfrac{\dot{U}_\mathrm{AB} e^{j\alpha}}{\dot{I}_\mathrm{C}} \geqslant -90^{\circ} \end{array}\right\}$$

一般形式为

$$90° \geqslant \arg \frac{\dot{U}_r}{\dot{I}_r} \geqslant -90°$$

这种接线的功率方向元件不会出现两相短路的电压"死区"（指在正向保护出口正向两相短路时，$\dot{U}_r = 0$，方向元件不能动作），即正向出口两相短路时，能正确动作。但对保护出口正向三相短路的"电压死区"仍然存在，功率方向元件不能动作，这只有采用其他方法（如采用"记忆"元件或引入"插入另外的电压"的措施）。

这里还要说明的是，之所以选择功率方向元件的内角为30°、45°，是通过严格分析得出的，而且只有这样，功率方向元件在输电线路各种相间故障的情况下才能动作，一般输电线的线路阻抗角 φ_L 为60°左右，可取 $\alpha = 30°$，使 $\alpha + \varphi_L = 90°$，这样就能使功率方向元件工作在较灵敏的状态。

功率方向元件可以按照比较两个相量的相位的原理实现，称为相位比较式功率方向元件，即把直接测量到的电压 $\dot{U}_r$ 和电流 $\dot{I}_r$ 之间的相角与预先整定的角度（或角度范围）进行比较。

也可以把测量到的 $\dot{I}_r$，$\dot{U}_r$ 变成另外的两个电压相量来进行比相，即

$$\left.\begin{array}{l} \dot{C} = \dot{K}_v \dot{U}_r \\ \dot{D} = \dot{K}_I \dot{I}_r \end{array}\right\}$$

此处 $\dot{K}_v$ 和 $\dot{K}_I$ 为已知相量，也就是将直接测量到的 $\dot{U}_r$ 和 $\dot{I}_r$ 再通过一个电压变换器和一个电抗变换器，分别在副边得到 $\dot{K}_v \dot{U}_x$ 和 $\dot{K}_I \dot{I}_r$。

（二）幅值比较式功率方向元件

知道相位比较式的两个向量。

$$\left.\begin{array}{l} \dot{C} = \dot{K}_v \dot{U}_r \\ \dot{D} = \dot{K}_I \dot{I}_r \end{array}\right\}$$

就可以将其线性组合形成另外两个相量，变成幅值比较，即

$$\left.\begin{array}{l} \dot{A} = \dot{C} + \dot{D} \\ \dot{B} = \dot{D} - \dot{C} \end{array}\right\}$$

其动作条件为 $|\dot{A}| \geqslant |\dot{B}|$ 。

相位比较式的动作条件 $90° \geqslant \arg — \geqslant -90°$ 与幅值比较式的动作条件 $|\dot{A}| \geqslant |\dot{B}|$ 是等值的。

（三）相间短路功率方向继电器的接线方式分析

下面分析采用 90°接线的功率方向继电器，在正方向发生各种相间短路时的动作情况，并确定内角 α 的取值范围。

①三相短路。正方向发生三相短路时的相量如图 2-10 所示，$\dot{U}_A$，$\dot{U}_B$，$\dot{U}_C$ 表示保护安装地点的母线电压，$\dot{I}_A$、$\dot{I}_B$、$\dot{i}_C$ 三相的短路电流，电流滞后电压的角度为线路阻抗角 φ_K。

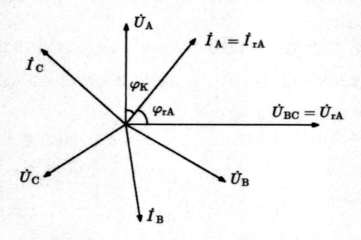

图 2-10　三相短路的 90°接线分析图

由于三相对称，3 个功率方向继电器工作情况完全一样，故以 A 相功率方向继电器为例来分析。由图可见，$\dot{I}_{rA} = \dot{I}_A$，$\dot{U}_{rA} = \dot{U}_{BC}$，$\dot{\varphi}_{rA} = \varphi_K - 90°$，电流超前于电压。A 相功率方向继电器的动作条件为：

$$U_{BC}I_A\cos(\varphi_K - 90° + \alpha) > 0$$

为了使继电器工作在最灵敏的条件下，应使 $\cos(\varphi_K - 90° + \alpha) = 1$，即要求 $\varphi_K + \alpha = 90°$。因此，如果线路的阻抗角 $\varphi_K = 60°$，则应取内角 $\alpha = 30°$；如果 $\varphi_K = 45°$，则应取内角 $\alpha = 45$。等。故功率方向继电器应有可以调整的内角 α，其大小决定于功率方向继电器的内部参数。

一般说来，电力系统中任何电缆或架空线路的阻抗角（包括含有过渡电阻短路的情况）都位于 $0° < \varphi_K < 90°$，为使功率方向继电器在任何 φ_K 的情况下均能动作，就必须要

求 $U_{BC}I_A\cos(\varphi_K - 90° + \alpha) > 0$ 始终大于 0。为此，需要选择一个合适的内角，才能满足要求：当 $\varphi_K \approx 0$ 时，必须选择 $0° < \alpha < 180°$；当 $\varphi_K \approx 90°$ 时，必须选择 $-90° < \alpha < 90°$。为同时满足这两个条件，使功率方向继电器在任何情况下均能动作，则在三相短路时，应选择 α 位于 $0° < \alpha < 90°$。

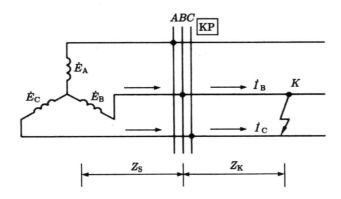

图 2-11　B、C 两相短路的系统接线图

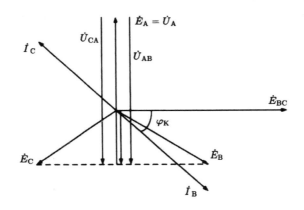

图 2-12　保护安装地点出口处 B、C 两相短路时的相量图

②两相短路。如图 2-11 所示，以两相短路为例，用 $\dot{E}_A$、$\dot{E}_B$、$\dot{E}_C$ 表示对称三相电源的电势；$\dot{U}_A$，$\dot{U}_B$，$\dot{U}_C$ 为保护安装处的母线电压；$\dot{U}_{KA}$，$\dot{U}_{KB}$，$\dot{U}_{KC}$ 为短路故障点处电压。

短路点位于保护安装地点附近，短路阻抗 $Z_K \leqslant Z_S$（保护安装处到电源间的系统阻抗），当 $Z_K \approx 0$，此时的相量图如图 2-12 所示，短路电流 $\dot{I}_B$ 由电势 $\dot{E}_{BC}$ 产生，$\dot{I}_B$ 滞后 $\dot{E}_{BC}$ 的角度为 φ_K，电流 $\dot{I}_C = -\dot{I}_B$，短路点（即保护安装地点）的电压为：

$$\left.\begin{array}{l} \dot{U}_{A} = \dot{U}_{KA} = \dot{E}_{A} \\[2mm] \dot{U}_{B} = \dot{U}_{KA} = -\dfrac{1}{2}\dot{E}_{A} \\[2mm] \dot{U}_{C} = \dot{U}_{KC} = -\dfrac{1}{2}\dot{E}_{A} \end{array}\right\}$$

此时，对于 A 相功率方向继电器，当忽略负荷电流时，$I_{A} \approx 0$，因此，继电器不动作。

对于 B 相继电器，$\dot{I}_{rB} = \dot{I}_{B}$，$\dot{U}_{rB} = \dot{U}_{CA}$，$\varphi_{rB} = \varphi_{K} - 90°$ 则动作条件应为：

$$U_{CA}I_{B}\cos(\varphi_{K} - 90° + \alpha) > 0$$

对于 C 相继电器，$\dot{I}_{rC} = \dot{I}_{C}$，$\dot{U}_{rC} = \dot{U}_{AB}$，$\varphi_{rC} = \varphi_{K} - 90°$，则动作条件应为：

$$U_{AB}I_{C}\cos(\varphi_{K} - 90° + \alpha) > 0$$

对于三相短路时的分析，为了保证在 $0° < \varphi_{K} < 90°$ 的范围内，继电器均能动作，就要选择内角 α 为 $0° < \alpha < 90°$。

短路点远离保护安装地点，且系统容量很大，此时，$Z_{K} \gg Z_{S}$，当 $Z_{S} \approx 0$，则相量图如图 2-13 所示，电流 $\dot{I}_{B}$ 由电势 $\dot{E}_{BC}$ 产生，并滞后 $\dot{E}_{BC}$ 一个角度 φ_{K}，保护安装地点的电压为：

$$\left.\begin{array}{l} \dot{U}_{A} = \dot{E}_{A} \\[2mm] \dot{U}_{B} = \dot{U}_{KB} + \dot{I}_{B}Z_{S} \approx \dot{E}_{B} \\[2mm] \dot{U}_{C} = \dot{U}_{KC} + \dot{I}_{C}Z_{K} \approx \dot{E}_{C} \end{array}\right\}$$

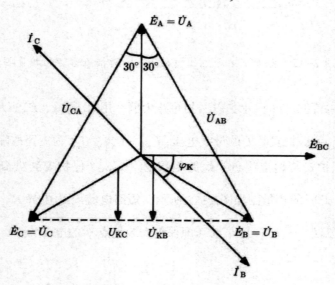

图 2-13　远离保护安装地点 B、C 两相短路时的相量图

对于 B 相继电器，由于电压 $\dot{U}_{CA} = \dot{E}_{CA}$，较出口处短路时相位滞后 3°，因此，$\varphi_{rB} = \varphi_K - 90°，- 30° = \varphi_K - 120°$，则动作条件应为：

$$U_{CA}I_B\cos(\varphi_K - 120° + \alpha) > 0$$

因此，当 $0° < \varphi_d < 90°$ 时，继电器能够动作的条件为：$30° < \alpha < 120°$。

对于 C 相继电器，由于电压 $U_{AB} \approx E_{AB}$，较出口处短路时相位超前 30°，因此，$\varphi_{rC} = \varphi_K - 90° + 30° = \varphi_K - 60°$，则动作条件应为：

$$U_{AB}I_C\cos(\varphi_K - 60° + \alpha) > 0$$

因此，当 $0° < \varphi_K < 90°$ 时，继电器能够动作的条件为：$- 30° < \alpha < 60°$。

综合以上两种情况可得出，在正方向任何地点两相短路时，B 相继电器能够动作的条件是 $30° < \alpha < 90°$，C 相继电器为 $0° < \alpha < 60°$；反方向短路时，电流向量位于非动作区，功率方向继电器不会动作。

同理，分析 A、B 和 C、D 两相短路时，也可得出相应的结论。

综上所述，采用 90°接线方式，除在保护安装出口处发生三相短路时出现死区外，对于线路上发生的各种相间短路均能正确动作。当 $0° < \varphi_K < 90°$ 时，继电器能够动作的条件是 $30° < \alpha < 60°$。

通常厂家生产的继电器直接提供了 $\alpha = 30°$ 和 $\alpha = 45°$ 两种内角，这就满足了上述要求。应该指出，以上的讨论只是继电器在各种可能的情况下动作的条件，而不是动作最灵敏的条件。为了减小死区的范围，继电器动作最灵敏的条件应根据三相短路时 $\cos(\varphi_r + \alpha) = 1$ 来决定，因此，对某一确定了阻抗角的输电线路而言，应采用 $\alpha = 90° - \varphi_K$，以获得最大灵敏角。

③按相启动。当电网中发生不对称故障时，在非故障相中仍然有电流流过，这个电流就称为非故障相电流，它可能使非故障相的方向元件误动作。现以发生两相短路为例，分析非故障相电流对保护的影响。为避免非故障相电流对保护的影响，在整定计算启动电流时，要躲过非故障相电流。

④90°接线方式的评价。90°接线的优点是：a. 适当选择继电器的内角 α，对线路上发生的各种相间短路都能保证正确地判断短路功率的方向，而不致误动作。b. 各种两相短路均无电压死区，因为继电器接入非故障相间电压，其值很高。c. 由于接入继电器的相间电压，故对三相短路的电压死区有一定的改善；如果再采用电压记忆回路，一般可以消除三相短路电压死区。其缺点是：连接在非故障相电流上的功率方向继电器，可能在两相短路或单相接地短路时误动作。

由以上分析可见，在两个及两个以上电源的网络接线中，必须采用方向性电流保护，才有可能保证各保护之间动作的选择性，这是方向保护的主要优点。但当保护增加方向元件以后，将使接线复杂，投资增加，同时还存在方向元件的电压、"死区"问题。

第三节　大接地电流系统的零序保护

电力系统中性点的工作方式有：中性点直接接地、中性点不接地和中性点经消弧线圈接地。中性点的接地方式是综合考虑供电的可靠性、系统绝缘水平、系统过电压、继电保护的要求、对通信线路的干扰以及系统稳定运行的要求等因素确定的。一般 no kv 及以上电压等级电网都采用中性点直接接地方式，3~35 kV 的电网采用中性点不接地或经消弧线圈接地方式。

当中性点直接接地的电网（又称大接地电流系统）中发生接地短路时，将出现很大的零序电流，而在正常运行情况下它们是不存在的。因此，利用零序电流来构成接地短路的保护，就有显著的优点。

一、零序电压过滤器

为了取得零序电压，通常采用如图 2-14（a）所示的 3 个单相式电压互感器或图 2-14（b）所示的三相五柱式电压互感器，其一次绕组接成星形并将中性点接地，其二次绕组接成开口三角形，这样从端子上得到的输出电压为：

$$\dot{U}_{mn} = \dot{U}_a + \dot{U}_b + \dot{U}_c = 3\dot{U}_0$$

而对正序或负序分量的电压，因三相相加后等于零，没有输出。因此，这种接线实际上就是零序电压过滤器。

此外，当发电机的中性点经电压互感器或消弧线圈接地时，如图 2-14（c）所示从它的二次绕组中也能取得零序电压。

利用集成电路由电压形成回路取得 3 个相电压后，利用加法器将 3 个相电压相加，如图 2-14（d）所示，也可合成零序电压。

实际上，在正常运行和电网相间短路时，由于电压互感器的误差以及三相系统对地不完全平衡，在开口三角形侧也可能有数值不大的电压输出，次电压称为不平衡电压（以 U_{unb} 表示）。

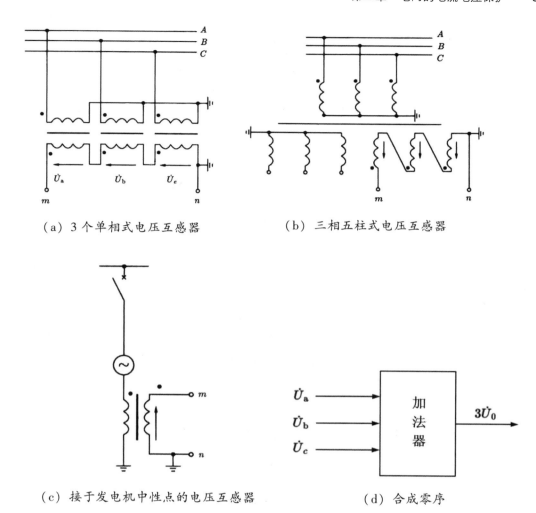

（a）3 个单相式电压互感器　　　　　　（b）三相五柱式电压互感器

（c）接于发电机中性点的电压互感器　　　　（d）合成零序

图 2-14　取得零序电压的接线图

此外，当系统中存在三次谐波分量时，一般三相中的三次谐波电压是同相位的。因此，在零序电压过滤器的输出端也有三次谐波的电压输出。对反映于零序电压而动作的保护装置，应考虑躲开三次谐波的影响。

二、零序电流过滤器

为了取得零序电流，通常采用三相电流互感器，按图 2-15 的方式连接，此时流入继电器回路中的电流为：

$$\dot{I}_{r} = \dot{I}_{a} + \dot{I}_{b} + \dot{I}_{c} = 3\dot{I}_{0}$$

对于正序或负序分量的电流，因三相相加后等于零，所以就没有输出，这种过滤器的接线实际上就是三相星形接线方式中在中线上所流过的电流，因此，在实际的使用中，零序电流过滤器并不需要专门的电流互感器，而是接入相间保护用电流互感器的中线就可以了。

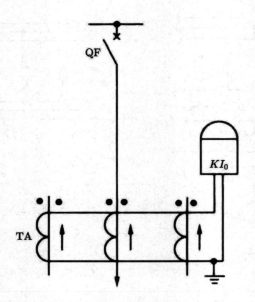

图 2-15   零序电流过滤器

零序电流过滤器也会产生不平衡电流，如图 2-16 所示为一个电流互感器的等效回路，考虑励磁电流 $\dot{I}_{\rm i}$ 的影响后，二次电流和一次电流的关系为：

$$\dot{I}_2 = \frac{1}{n_{\rm TA}}(\dot{I}_1 - \dot{I}_{\rm i})$$

此时流入继电器的电流为：

$$\dot{I}_{\rm r} = \dot{I}_{\rm a} + \dot{I}_{\rm b} + \dot{I}_{\rm c} = \frac{1}{n_{\rm TA}}[(\dot{I}_{\rm A} - \dot{I}_{\rm iA}) + (\dot{I}_{\rm B} - \dot{I}_{\rm iB}) + (\dot{I}_{\rm C} - \dot{I}_{\rm iC})]$$

$$= \frac{1}{n_{\rm TA}}(\dot{I}_{\rm A} + \dot{I}_{\rm B} + \dot{I}_{\rm C}) - \frac{1}{n_{\rm TA}}(\dot{I}_{\rm iA} + \dot{I}_{\rm iB} + \dot{I}_{\rm iC})$$

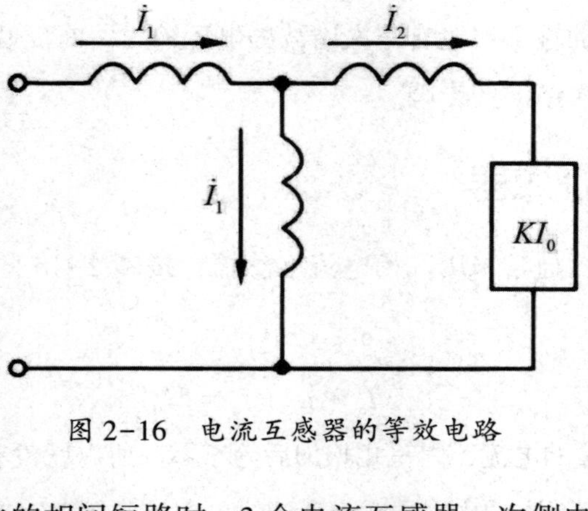

图 2-16   电流互感器的等效电路

在正常运行和不接地的相间短路时，3 个电流互感器一次侧电流的相量和必然为零，因此，流入继电器中的电流为：

$$\dot{I}_r = -\frac{1}{n_{TA}}(\dot{I}_{iA} + \dot{I}_{iB} + \dot{I}_{iC}) = \dot{I}_{ubb}$$

$\dot{I}_{unb}$ 称为零序电流互感器的不平衡电流。它是由 3 个互感器励磁电流不相等而产生的，而励磁电流的不等，则是由于铁芯的磁化曲线不完全相同以及制造过程中的某些差别而引起的。当发生相间短路时，电流互感器一次侧流过的电流值最大并且包含有非周期分量，因此，不平衡电流也达到最大值，以 $I_{unb, \, max}$ 表示。

当发生接地短路时，在过滤器输出端有 $3I_0$ 的电流输出，此时，I_{unb} 相对于 $3I_0$ 一般很小，因此可以忽略，零序保护即可反应于这个电流而动作。

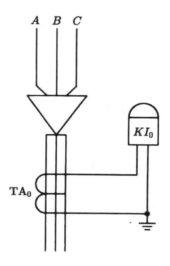

图 2-17　零序电流互感器接线示意图

此外，对于采用电缆引出的送电线路，还广泛地采用了零序电流互感器的接线以获得 $3I_0$，如图 2-17 所示，此电流互感器就套在电缆的外面，从其铁芯中穿过的电缆就是电流互感器的一次绕组。因此，这个互感器的一次电流就是 $\dot{I}_A + \dot{I}_B + \dot{I}_C$，只有当一次侧出现零序电流时，在互感器的二次侧才有相应的 $3I_0$ 输出，故称它为零序电流互感器。采用零序电流互感器的优点与零序电流过滤器相比，主要是没有不平衡电流，同时接线也更简单。

三、零序电流速断（零序 I 段）保护

在发生单相或两相接地短路时，也可以求出零序电流 $3I_0$ 随线路长度 I 变化的关系曲线，然后相似于相间短路电流保护的原则，进行保护的整定计算。

零序电流速断保护的整定原则如下：

①躲开下一条线路出口处单相或两相接地短路时可能出现的最大零序电流 $3I_{0. \, max}$，引

入可靠系数 K'_{rel}（一般取为 1.2～1.3），即为：

$$I'_{\text{op}} = K'_{\text{rel}} 3I_{0.\max}$$

②躲开断路器三相触头不同期合闸时所出现的最大零序电流 $3I_{0.\text{bt}}$，引入可靠系数 K'_{rel} 即为：

$$I'_{\text{op}} = K'_{\text{rel}} 3I_{0,\text{bt}}$$

如果保护装置的动作时间大于断路器三相不同期合闸的时间，则可以不考虑这一条件。

整定值应选取其中较大者。但在有些情况下，如按照条件②整定将使启动电流过大，因而保护范围缩小时，也可以采用在手动合闸以及三相自动重合闸时使零序 I 段带有一个小的延时（约 0.1s），以躲开断路器三相不同期合闸的时间，这样在定值上就无须考虑条件②了。

当线路上采用单相自动重合闸时，按上述条件①、②整定的零序 I 段，往往不能躲开在非全相运行状态下又发生系统振荡时所出现的最大零序电流，如果按这一条件整定，则正常情况下发生接地故障时，其保护范围又要缩小，不能充分发挥零序 I 段的作用。因此，为了解决这个矛盾，通常可设置两个零序 I 段保护，一个是按条件①或②整定（由于其定值较小，保护范围较大，因此称为灵敏 I 段），其主要任务是对全相运行状态下的接地故障起保护作用，具有较大的保护范围，而当单相重合闸启动时，则将其自动闭锁，需待恢复全相运行时才能重新投入。另一个是按条件③整定，即按躲过非全相运行状态下又发生系统振荡时所出现的最大零序电流（由于其定值较大，因此称为不灵敏 I 段），装设的主要目的是在单相重合闸过程中，其他两相又发生接地故障时，用以弥补失去灵敏 I 段的缺陷，尽快地将故障切除。当然，不灵敏 I 段也能反映全相运行状态下的接地故障，只是其保护范围较灵敏 I 段为小。

四、零序电流限时速断（零序 II 段）保护

零序 II 段的工作原理与相间短路限时电流速断保护一样，其启动电流首先考虑和下一条线路的零序电流速断保护相配合，并带有高出一个 Δt 的时限，以保证动作的选择性。

但是，当两个保护之间的变电所母线上接有中性点接地的变压器时，则该分支电路的影响将使零序电流的分布发生变化。当线路 B-C 上发生接地短路时，通过保护 1 和 2 的零序电流分别为 $\dot{I}_{K_0 \cdot BC}$ 和 $\dot{I}_{K_0 \cdot AB}$，两者之差就是从变压器 T_2 中性点流回的电流 $I_{K_0 \cdot T}$。引入零序电流的分支系数 K_b 之后，则零序 II 段的启动电流应整定为：

$$I''_{\text{op.1}} = \frac{K''_{\text{rel}}}{K_b} I'_{\text{op.2}}$$

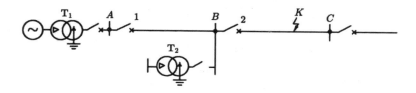

（a）网络接线图

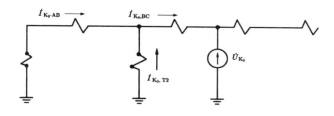

（b）零序等效网络

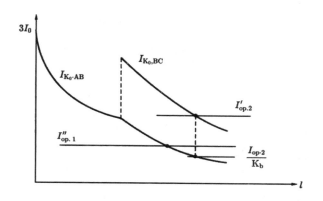

图 2-18　有分支线路时零序 Ⅱ 段动作特性的分析

当变压器 T_2 切除或中性点改为不接地运行时，则该支路即从零序等效网络中断开，此时，$K_b = 1$。

零序 Ⅱ 段的灵敏系数应按照本线路末端接地短路时的最小零序电流来效验，并应满足 $K_{sen} \geqslant 1.5$ 的要求。当下一条线路比较短或运行方式变化比较大，不能满足对灵敏系数的要求时，可以考虑用其他方式解决：

①使零序 Ⅱ 段保护与下一条线路的零序 Ⅱ 段相配合，时限再高出一个 Δt，取为 1.2s。

②保留 0.5s 的零序 Ⅱ 段，同时再增加一个按①整定的保护，这样保护装置中，就有两个定值和时限均不相同的零序 Ⅱ 段，一个定值较大，能在正常运行方式和最大运行方式下以较短的时限延时切除本线路上所发生的接地故障，另一个则有较长的时限，但它能保证在各种运行方式下线路末端接地短路时保护装置具有足够的灵敏系数。

五、零序过电流（零序Ⅲ段）保护

零序Ⅲ段的作用相当于相间短路的过电流保护，一般情况下作为后备保护使用。在中性点直接接地电网中的终端线路上，它也可以作为主保护使用。

在零序过电流保护中，对继电器的启动电流，可按照躲开在下一条线路出口处相间短路时所出现的最大不平衡电流 $I_{unb.\ max}$ 来整定，引入可靠系数 K_{rel} ，即

$$I_{op.\ r} = K_{rel} I_{unb.\ max}$$

同时，还需考虑各保护之间在灵敏系数上要相互配合。

实际上，对于零序过电流保护的计算，必须按逐级配合的原则来考虑。具体地讲，就是本线路零序Ⅲ段的保护范围不能超出相邻线路上零序Ⅲ段的保护范围，按照图 2-18 的分析，保护装置的启动电流应整定为：

$$I'''_{op.\ 1} = \frac{K_{rel}}{K_b} I'''_{op.\ 2}$$

式中，K_{rel} 为可靠系数，一般取 1.1~1.2；K_b 是在相邻线路的零序Ⅲ段的保护范围末端发生接地短路时，故障线路中零序电流与流过本保护装置中零序电流之比。

保护装置的灵敏系数作为相邻元件的后备保护时，应按照相邻元件末端接地短路时流过保护的最小零序电流（要考虑分支系数的影响）来效验。

按上述原则整定的零序过电流保护，其启动电流一般很小（二次侧为 2~3A），因此，在本电压等级网络中发生接地短路时都可能启动。

六、对零序电流保护的评价

由前面分析相间短路电流保护的接线方式已知，采用三相完全星形接线方式时，也可以保护单相接地短路。但采用专门的零序电流保护具有以下优点：

①相间短路的过电流保护是按照躲开最大负荷电流整定，继电器的启动电流一般为 5~7A，而零序过电流保护则按照躲开不平衡电流的原则整定，其值一般为 2~3A。由于发生单相接地短路时，故障相的电流为零序电流 $3I_0$，因此，零序过电流保护的灵敏度较高。此外，零序过电流保护的动作时限也较相间保护短，尤其对于两侧电源的线路，当线路内部靠近任一侧发生接地短路时，本侧零序Ⅰ段动作跳闸后，对侧零序电流增大可使对侧零序Ⅰ段也相继动作跳闸，因而使总的故障切除时间更短。

②相间短路的电流速断和限时电流速断保护直接受系统运行方式变化的影响很大，而零序电流保护受系统运行方式变化的影响要小得多。此外，由于线路零序阻抗较正序阻抗为大，$X_0 = (2 \sim 3.5)X_1$，故线路始端与末端短路时，零序电流变化显著，曲线较陡。因

此，零序Ⅰ段的保护范围较大，也较稳定，零序Ⅱ段的灵敏系数也易于满足要求。

③当系统中发生某些不正常运行状态时（例如，系统振荡、短时过负荷等）三相是对称的，相间短路的电流保护均受它们的影响而可能误动作，因而需要采取必要的措施予以防止，而零序保护则不受它们的影响。

④在110kV及以上的高压和超高压系统中，单相接地故障为全部故障的70%~90%，而且其他的故障也往往是由单相接地发展起来的，因此，采用专门的零序保护就具有显著的优越性。

第四节　中性点非直接接地系统的零序保护

在中性点非直接接地的电网（又称小接地电流系统）中发生单相接地时，由于故障点的电流很小，而且三相之间的线电压仍然保持对称，对负荷的供电没有影响，在故障不扩大的情况下，运行一段时间也是可以的。但是在单相接地以后，其他两相的对地电压要升高 $\sqrt{3}$ 倍。为了防止故障进一步扩大成两点或多点接地短路，对供电可靠性要求高的配电网，还是应该动作于跳闸。

因此，在中性点非直接接地系统中发生单相接地故障时，一般只要求继电保护能有选择性地发出信号，而不必跳闸。但当单相接地对人身和设备的安全有危险时，则应动作于跳闸。

一、中性点不接地系统单相接地故障时的接地电流

（一）中性点不接地系统的正常运行状态

中性点不接地的三相系统在正常运行时，网络中各相对地电压是对称的，各线路经过完善的换位，三相对地电容是相等的，因此各相对地电压也是对称的。线路上A相电流等于负荷电流 I_{AL} 和对地电容电流 I_{AC} 的相量和，当三相负荷电流平衡，对地电容电流对称时，三相电容电流相量和等于零，所以地中没有电容电流通过，中性点电位为零。但是实际上三相对地电容是不可能绝对平衡的，这就引起了中性点对地电位偏移，这个偏移的电压称为中性点的位移电压，U_N 就是其位移电压。

（二）单相接地故障时接地电流与零序电压的特点

①中性点不接地系统，单相接地故障时，中性点位移电压为 $-E_\varphi$（相电势）

②非故障线路电容电流就是该线路的零序电流。

③故障线路首端的零序电流数值上等于系统非故障线路全部电容电流的总和，其方向为线路指向母线，与非故障线路中零序电流的方向相反。该电流由线路首端的 TA 反映到二次侧。以上 3 点结论就是中性点不接地系统基波零序电流方向自动接地选线装置软件工作原理。

二、中性点经消弧线圈接地系统的接地电流

（一）中性点经消弧线圈的接地方式

中性点不接地系统单相接地故障时，虽然非故障相对地电压升高 $\sqrt{3}$ 倍，但由于系统中相对地绝缘是按线电压设计的，据此中性点不接地系统在发生单相接地时可以继续运行，但是不能长期工作，规程中规定继续运行时间不得超过 2h。不能长期工作的原因是接地电流将在故障点形成电弧。电弧有稳定和间歇性两种。稳定性电弧很可能烧坏设备或引起两相甚至三相短路。产生间歇性电弧的原因是：在单相接地时由于电网的电容和电感容易形成一个振荡回路，就有可能因振荡出现周期性熄灭和重燃的间歇电弧。间歇性电弧将导致相对地电压的升高而危害系统的设备绝缘，在接地电流大于 5A 时最容易引起间歇性电弧，电网的电压越高。间歇性电弧引起的过电压危害性越大，由此可能引起相间故障，使事故扩大。

为了减小接地电流，避免因间歇电弧引起过电压危害，在我国的电力行业标准中新规定所有的 35kV，6kV 系统及 10kV 不直接连接发电机的架空线路构成的系统在单相接地故障超过 10A 时，应采用消弧线圈的接地方式；当 3~6kV 非钢筋混凝土或金属杆塔的架空线路构成的系统及 3~20kV 电缆线路构成的系统在单相接地故障电容电流超过 30A 时，与原规定相同应采用消弧线圈的接地方式。这种中性点经消弧线圈接地方式发生单相接地故障时流过故障点的电流比较小，所以也属于小电流接地系统。

因为接地电流在数值上与系统电压、频率和相对地的电容及线路结构、长度均有关，因此理论仍很难用一个公式准确计算出来。在实际应用中，可以通过估算方法近似地计算：对架空线路 $I_C = UL/350$，对电缆线路 $I_C = UL/10$，式中 U 单位为 kV，L 单位为 km。按以上式子可估算出系统的接地电流并进一步判断是否应采用经消弧线圈接地的方式。

（二）消弧线圈的补偿方式及其作用

中性点接入消弧线圈的目的主要是消除单相接地时故障点的瞬时性电弧。其作用是：尽量减小故障接地电流；减缓电弧熄灭瞬间故障点恢复电压的上升速度。

消弧线圈减小故障接地电流的方式有过补偿、欠补偿和全补偿 3 种方式。消弧线圈以感性电流 I_L 补偿系统接地电容电流 I_{ec} 的程度称为补偿度（也称为脱谐度），定义为：

$$P = \frac{I_L - I_{ec}}{I_{ec}}$$

按过去的规定，不采用全补偿和欠补偿。因为全补偿有可能发生谐振，使中性点电压超过规定限制的 15% 相电压，而欠补偿在切除若干线路后也有可能进入全补偿的状态，因此也有可能发生谐振。如果在消弧线圈与地之间串接阻尼电阻，使得在进入全补偿状态时谐振电流变得较小，从而有效地避免了发生中性点过电压的现象。因此目前有的消弧线圈经阻尼电阻接地，允许其工作在全补偿、过补偿、欠补偿的全工况状态。

此外，理论上可以证明：减小补偿度，即尽可能接近全补偿状态，可以在故障点消弧的瞬间，减缓故障点恢复电压上升速度，避免了故障点恢复电压上升过快引起的电压振荡。因此自动跟踪调节消弧线圈电感，应使补偿度调节在适当范围内才能使熄弧效果最佳。

（三）有功分量判别法原理

五次谐波判别法与基波零序电流判别法都存在一个主要的缺点，即当系统的引出线长度较短时，单相接地故障线路的五次谐波和基波零序电流均较小，其方向也较难判断，因此其接地判别的准确率并不是很高。

当消弧线圈采用自动跟踪消弧线圈并经阻尼电阻接地时，系统单相接地选线可以采用基波有功分量判别法。

基波有功分量判别法的原理是：单相接地时，故障线路通过接地点与消弧线圈和阻尼电阻构成串联回路。该回路在中性点零序电压 U_0 作用下，产生的基波零序电流必然流经阻尼电阻，因而基波零序电流含有有功分量 I_R。而有功分量 I_R 在消弧线圈的电感电流对接地电容电流补偿中是不会被补偿消失的，因此该有功分量电流将全部流回故障线路的首端，被零序电流互感器测量出来。而非故障线路没有与消弧线圈阻尼电阻构成回路，必然没有流过消弧线圈的有功电流分量，只有本线路的零序电容电流，其中包含的有功电流为线路对地泄漏电流，数值很小。因此可以测量各线路基波零序电流中的有功电流分量值，比较它们的大小，最大者即为接地线路。

有功分量判别法是接地选线的一种新技术，该方法必须与带阻尼电阻的自动跟踪消弧线圈装置配套使用。其理论与实际验证，都证明了其选线准确率很高。

三、中性点不接地电网中单相接地的保护

根据网络接线的具体情况，可利用以下方式来构成单相接地保护。

（一）无选择性绝缘监视装置

在发电厂和变电所的母线上，一般装设网络单相接地的监视装置，它利用接地后出现的零序电压，带延时动作于信号。因此，可用一过电压继电器接于三相五柱式电压互感器的开口三角形侧。

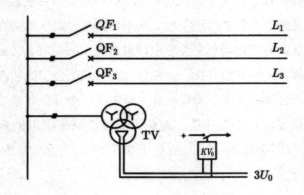

图 2-19　中性点不接地电网中的绝缘监视装置

只要本网络中发生单相接地故障，则在同一电压等级的所有发电厂和变电所的母线上都将出现零序电压。因此，这种方法给出的信号是没有选择性的，要想选出故障线路，还需要运行人员依次短时断开每条线路，并继之以自动重合闸，将断开线路投入；当断开某条线路时，零序电压信号消失，则这就是故障线路（目前广泛采用"选线装置"，可以不停电找出故障线）。

（二）零序电流保护

利用故障线路零序电流较非故障线路为大的特点来实现有选择地发出信号或动作于跳闸。

这种保护一般使用在有条件安装零序电流互感器的线路上，当单相接地电流较大，足以克服零序电流过滤器中不平衡电流的影响时，保护装置也可以接于 3 个电流互感器构成的零序回路中。为了保证动作的选择性，保护装置的启动电流应躲开本线路的零序电流（电容电流）来整定，即

$$I_{0\mathrm{p}} = K_{\mathrm{rel}} 3 U_{\varphi} \omega C_0$$

式中，C_0 为被保护线路每相的对地电容。

按上式整定后，还需要效验在本线路上发生单相接地故障时的灵敏系数，由于流经故障线路上的零序电流为全网络中非故障线路电容电流的总和，可用 $3 U_{\varphi} \omega (C_{\Sigma} - C_0)$ 来表

示，因此，灵敏系数为：

$$K_{\text{sen}} = \frac{3U_\varphi \omega (C_\Sigma - C_0)}{K_{\text{rel}} 3U_\varphi \omega C_0} = \frac{C_\Sigma - C_0}{K_{\text{rel}} C_0}$$

式中，C_Σ 为同一电压等级网络中各元件每相对地电容之和，效验时应采用系统最小运行方式下的电容电流，也就是 C_Σ 为最小时的电容电流。

由上式可见，当全网的电容电流越大或被保护线路的电容电流越小时，零序电流保护的灵敏系数就越容易满足要求。

（三）零序功率方向保护

利用故障线路与非故障线路零序功率方向不同的特点来实现有选择性的保护，动作于发出信号或跳闸。这种方式适用于零序电流保护不能满足灵敏系数的要求时和接线复杂的网络中。

第三章 电网的距离保护

第一节 阻抗继电器

一、阻抗继电器分析

阻抗继电器是距离保护装置的核心元件，其主要作用是测量短路点到保护安装地点之间的阻抗，并与整定阻抗值进行比较，以确定保护是否应该动作。

阻抗继电器可按以下不同方法分类：

根据其构造原理的不同，分为电磁型、感应型、整流型、晶体管型、集成电路型和微机型等。

根据其比较原理的不同，分为幅值比较式和相位比较式两大类。

根据其输入量的不同，分为单相式和多相式两种。

所谓单相式阻抗继电器，是指加入继电器的只有一个电压 $\dot{U}_r$（可以是相电压或线电压）和一个电流 $\dot{I}_r$（可以是相电流或两相电流之差）的阻抗继电器。$\dot{U}_r$ 和 $\dot{I}_r$ 的比值称为继电器的测量阻抗 Z_r，即

$$Z_r = \frac{\dot{U}_r}{\dot{I}_r}$$

由于 Z_r 可以写成 $R + jX$ 的复数形式，可以利用复数平面来分析这种继电器的动作特性，并用一定的几何图形将其表示出来，如图 3-1 所示。

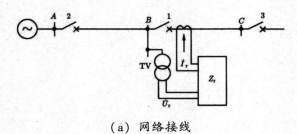

（a）网络接线

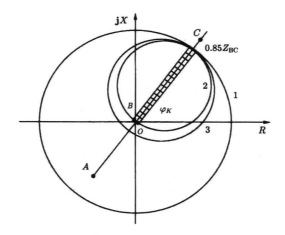

（b）被保护线路的测量阻抗及动作特性

图 3-1　在阻抗复平面上分析阻抗继电器特性

多相补偿式阻抗继电器是一种多相式继电器，加入继电器的是几个相的电流和几个相的补偿后电压，其主要优点是可反映不同相别组合的相间或接地短路，但由于加入继电器的不是单一的电压和电流，因此就不能利用测量阻抗的概念来分析它的特性，而必须结合给定的系统、给定的短路点和给定的故障类型对其动作特性进行具体分析。

阻抗复平面分析法是最常用、最简捷直观的方法，它需要经过以下步骤：

①阻抗继电器在阻抗复平面上的动作特性（可从动作条件判别式取等号求得）。继电器的测量阻抗 Z_r 沿一定的轨迹变化而使继电器始终处于临界动作状态时，这一轨迹便称为继电器的动作特性。

②求出阻抗继电器在各种运行情况下感受到的阻抗（测量阻抗 Z_r）。

③按动作条件判别式在阻抗平面上分析它们是否满足该式，从而决定其是否动作。

对于单相式阻抗继电器，其动作特性可用单一变量即继电器的测量阻抗 Z_r 的函数来分析，并在复阻抗平面上用一定的曲线来表示。例如，圆、直线、橄榄形、苹果形、椭圆形、矩形及多边形等。

（一）阻抗继电器的基本原则

以图 3-1（a）中线路 B-C 的保护 1 为例，将阻抗继电器的测量阻抗画在复数阻抗平面上，如图 3-1（b）所示。线路的始端 B 位于坐标的原点，正方向线路的测量阻抗在第一象限，反方向线路的测量阻抗则在第三象限，正方向线路测量阻抗与 R 轴之间的角度为线路 B-C 的阻抗角 φ_K。对保护 1 的距离I段，启动阻抗应整定为 $Z'_{KZ.1} = 0.85 Z_{BC}$，阻抗继电器的启动特性就应包括 $0.85 Z_{BC}$ 以内的阻抗，可用图 3-1（b）中阴影线所括的范围表示。

由于阻抗继电器都是接于电流互感器和电压互感器的二次侧，其测量阻抗与系统一次侧的阻抗之间存在下列关系：

$$Z_r = \frac{U_r}{I_r} = \frac{\dfrac{U(B)}{n_{TV}}}{\dfrac{I_{BC}}{n_{TA}}} = \frac{U(B)}{I_{BC}} \times \frac{n_{TA}}{n_{TV}} = Z_K \frac{n_{TA}}{n_{TV}}$$

式中，$U(B)$ 为加于保护装置的一次侧电压，即母线 B 的电压；I_{BC} 为接入保护装置的一次电流，即从 B 流向 C 的电流；n_{TV} 为电压互感器的变化；n_{TA} 为线路 B-C 上电流互感器的变化；Z_K 为一次侧的测量阻抗。

如果保护装置的一次侧整定阻抗经计算以后为 Z'_{set}，则按 $Z_r = \dfrac{U_r}{I_r} = \dfrac{\dfrac{U(B)}{n_{TV}}}{\dfrac{I_{BC}}{n_{TA}}} = \dfrac{U(B)}{I_{BC}} \times \dfrac{n_{TA}}{n_{TV}}$

$= Z_K \dfrac{n_{TA}}{n_{TV}}$，继电器的整定阻抗应该为：

$$Z_{set} = Z'_{set} \frac{n_{TA}}{n_{TV}}$$

为了能消除过渡电阻以及互感器误差的影响，尽量简化继电器的接线，并便于制造调试，通常把阻抗继电器的动作特性扩大为一个圆。如图 3-1（b）所示，其中 1 为全阻继电器的动作特性，2 为方向阻抗继电器的动作特性，3 为偏移特性的阻抗继电器的动作特性。此外，还有动作特性为透镜形、多边形阻抗继电器等。

（二）利用复数平面分析圆或直线特性阻抗继电器

1. 全阻抗继电器

全阻抗继电器的特性是以 B 点（继电器安装点）为圆心，以整定阻抗 Z_{set} 为半径所作的一个圆，如图 3-2 所示。当测量阻抗 Z_r 位于圆内时继电器动作，即圆内为动作区，圆外为不动作区。当测量阻抗正好位于圆周上时，继电器刚好动作，对应此时的阻抗就是继电器的启动阻抗 $Z_{op.r}$。由于这种特性是以原点为圆心而作的圆，不论加入继电器的电压与电流之间的角度 φ_r 为多大，继电器的启动阻抗在数值上都等于整定阻抗。具有这种动作特性的继电器称为全阻抗继电器，它没有方向性。

全阻抗继电器以及其他特性的继电器，都可以采用两个电压幅值比较或两个电压相位比较的方式构成，现分别叙述如下。

①幅值比较方式如图 3-2（a）所示，当测量阻抗 Z_r 位于圆内时，继电器能够启动，

其启动的条件可用阻抗的幅值来表示，即

$$|\dot{Z}_r| \leqslant |\dot{Z}_{set}|$$

式中，Z_{set} 为继电器整定阻抗。

上式两端乘以电流 $\dot{I}_r$，因 $\dot{I}_t \dot{L}_t = \dot{U}_t$，变成：

$$|\dot{U}_r| \leqslant |\dot{I}_r Z_{set}|$$

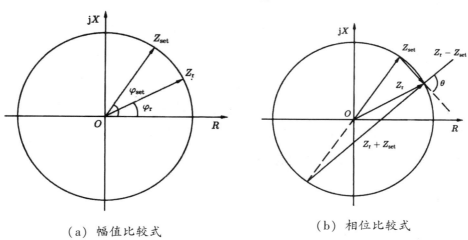

(a) 幅值比较式　　　　　　　　　　(b) 相位比较式

图 3-2　全阻抗继电器的动作特性

$|\dot{U}_r| \leqslant |\dot{I}_r Z_{set}|$ 可看作两个电压幅值的比较，式中 $\dot{I}_r Z_{set}$ 表示电流在某一个恒定阻抗 2 心上的电压降，可利用电抗互感器或其他补偿装置获得。

②相位比较方式全阻抗继电器的动作特性如图 3-2（b）所示，当测量阻抗 Z_r 位于圆周上时，相量（$Z_r + Z_{set}$）超前于（$Z_r - Z_{set}$）的角度 $\theta = 90°$，而当 Z_r 位于圆内时，$\theta > 90°$；Z_r 位于圆外时，$\theta < 90°$。因此，继电器的启动条件即可表示为：

$$270° \geqslant \arg \frac{Z_r + Z_{set}}{Z_r - Z_{set}} \geqslant 90°$$

将两个相量均以电流 $\dot{I}_r$ 乘之，即可得到可比较其相位的两个电压分别为：

$$\dot{U}_P = \dot{U}_r + \dot{I}_r Z_{set}$$

$$\dot{U}' = \dot{U}_r - \dot{I}_r Z_{set}$$

继电器的动作条件又可写成：

$$270° \geqslant \arg \frac{\dot{U}_r + \dot{I}_r Z_{set}}{\dot{U}_r - \dot{I}_r Z_{set}} \geqslant 90° \text{ 或？ } 270° \geqslant \arg \frac{\dot{U}_P}{\dot{U}'} \geqslant 90°$$

此时，继电器能够启动的条件只与 $\dot{U}_P$ 和 $\dot{U}'$ 的相位差有关，而与其大小无关。上式可以看成继电器的作用是以电压 $\dot{U}_{\mathrm{P}}$ 为参考相量，来测定故障时电压相量 $\dot{U}'$ 的相位。一般称 $\dot{U}_{\mathrm{P}}$ 为极化电压，$\dot{U}'$ 为补偿电压。上述动作条件也可表示为：

$$+90° \geqslant \arg \frac{\dot{I}_{\mathrm{r}}Z_{\mathrm{set}} - \dot{U}_{\mathrm{r}}}{\dot{U}_{\mathrm{r}} + \dot{I}_{\mathrm{r}}Z_{\mathrm{set}}} \geqslant -90°$$

2. 方向阻抗继电器

方向阻抗继电器的特性是以整定阻抗 Z_{set} 为直径而通过坐标原点的一个圆，如图 3-3 所示，圆内为动作区，圆外为不动作区。当加入继电器的 $\dot{U}_{\mathrm{r}}$ 和 $\dot{I}_{\mathrm{r}}$ 之间的相位差 φ_{r} 为不同数值时，此种继电器的启动阻抗也将随之改变。当饥等于名心的阻抗角时，继电器的启动阻抗达到最大，等于圆的直径，此时，阻抗继电器的保护范围最大，工作最灵敏。因此，这个角称为继电器的最大灵敏角，用 φ_{sen} 表示。当保护范围内部故障时，$\varphi_{\mathrm{r}} = \varphi_{\mathrm{K}}$（为被保护线路的阻抗角），因此，应该调整继电器的最大灵敏角，使 $\varphi_{\mathrm{sen?}} = \varphi_{\mathrm{K}}$，以便继电器工作在最灵敏的条件下。

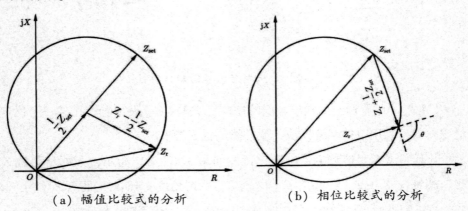

(a) 幅值比较式的分析   (b) 相位比较式的分析

图 3-3   方向阻抗继电器的动作特性

当反方向发生短路时，测量阻抗 Z_{r} 位于第三象限，继电器不能动作，因此，它本身就具有方向性，故称之为方向阻抗继电器。方向阻抗继电器也可由幅值比较或相位比较的方式构成，现分别讨论如下：

①用幅值比较方式分析，如图 3-3（a）所示，继电器能够启动（即测量阻抗 Z_{r} 位于圆内）的条件为：

$$\left| Z_{\mathrm{r}} - \frac{1}{2}Z_{\mathrm{set}} \right| \leqslant \left| \frac{1}{2}Z_{\mathrm{set}} \right|$$

等式两端均以电流 $\dot{I}_{\mathrm{r}}$ 乘之，即变为如下两个电压的幅值的比较：

$$\left| \dot{U}_{\mathrm{r}} - \frac{1}{2}\dot{I}_{\mathrm{r}}Z_{\mathrm{set}} \right| \leqslant \left| \frac{1}{2}\dot{I}_{\mathrm{r}}Z_{\mathrm{set}} \right|$$

②用相位比较方式分析，如图 3-3（b）所示，当 Z_r 位于圆周上时，阻抗 Z_r 与 $(Z_r - Z_{set})$ 之间的相位差为 $\theta = 90°$，类似于对全阻抗继电器的分析，同样可以证明，$270° \geqslant \theta \geqslant 90°$ 是继电器能够启动的条件。

将 Z_r 与 $(Z_r - Z_{set})$ 均以电流 A 乘之，即可得到比较相位的两个电压分别为：

$$\left.\begin{array}{l} \dot{U}_P = \dot{U}_r \\[2mm] \dot{U}' = \dot{U}_r - \dot{I}_r Z_{set} \end{array}\right\}$$

同样，$\dot{U}_P$ 称为极化电压，$\dot{U}'$ 称为补偿电压。

3. 偏移特性的阻抗继电器

偏移特性阻抗继电器的特性是当正方向的整定阻抗为 Z_{set} 时，同时，向反方向偏移一个 αZ_{set}，式中 $0 < \alpha < 1$，继电器的动作特性如图 3-4 所示，圆内为动作区，圆外为不动作区。由图 3-4 可知，圆的直径为 $|Z_{set} + \alpha Z_{set}|$，圆心的坐标为 $Z_0 = \dfrac{1}{2}(Z_{set} - \alpha Z_{set})$，圆的半径为：

$$|Z_{set} - Z_0| = \frac{1}{2}|Z_{set} + \alpha Z_{set}|$$

这种继电器的动作特性介于方向阻抗继电器和全阻抗继电器之间，例如，当采用 $\alpha = 0$ 时，即为方向阻抗继电器，而当 $\alpha = 1$ 时，则为全阻抗继电器。该继电器的启动阻抗 $Z_{op.r}$ 既与 φ_r 有关，但又没有完全的方向性，一般称其为具有偏移特性的阻抗继电器。实际上，通常 α 取 $0.1\sim0.2$，以便消除方向阻抗继电器的死区。现对其构成方式分析如下：

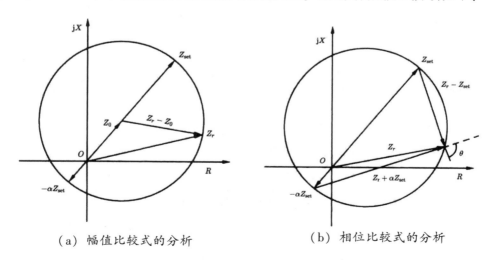

（a）幅值比较式的分析　　　　　（b）相位比较式的分析

图 3-4　具有偏移特性的阻抗继电器

①用幅值比较方式分析，如图 3-4（a）所示，继电器能够启动的条件为：

$$\left| Z_r - Z_0 \right| \leqslant \left| Z_{set} - Z_0 \right|$$

或等式两端均以电流 $\dot{I}_r$ 乘之，即变为如下两个电压的幅值的比较：

$$\left| \dot{U}_r - \dot{I}_r Z_0 \right| \leqslant \left| \dot{I}_r (Z_{set} - Z_0) \right|$$

②用相位比较方式的分析，如图 3-4（b）所示，当 Z_r 位于圆周上时，相量 $(Z_r + \alpha Z_{set})$ 与 $(Z_r - Z_{set})$ 之间的相位差为 $\theta = 90°$，同样可以证明，$270° \geqslant \theta \geqslant 90°$ 也是继电器能够启动的条件。将 $(Z_r + \alpha Z_{set})$ 和 $(Z_r - \alpha Z_{set})$ 均以电流 $\dot{I}_r$ 乘之，即可得到用以比较其相位的两个电压为：

$$\left. \begin{array}{l} \dot{U}_P = \dot{U}_r + \alpha \dot{I}_r Z_{set} \\ \dot{U}' = \dot{U}_r - \dot{I}_r Z_{set} \end{array} \right\}$$

最后，总结一下 3 个阻抗的含义和区别：

第一，Z_r 是继电器的测量阻抗，由加入继电器中电压 $\dot{U}_r$ 与电流 $\dot{I}_r$ 的比值确定，Z_r 的阻抗角就是 $\dot{U}_r$ 和 $\dot{I}_r$ 之间的相位差 φ_r。

第二，Z_{set} 是继电器的整定阻抗，一般取继电器安装点到保护范围末端的线路阻抗作为整定阻抗。对全阻抗继电器而言，就是圆的半径；对方向阻抗继电器而言，就是在最大灵敏角方向上的圆的直径；而对偏移特性阻抗继电器，则是最大灵敏角方向上由原点到圆周上的长度。

第三，$Z_{op.r}$ 是继电器的启动阻抗，它表示当继电器刚好动作时，加入继电器中电压 $\dot{U}_r$ 与电流 $\dot{I}_r$ 的比值，除全阻抗继电器以外，$Z_{op.r}$ 是随着 φ_r 的不同而改变的，当 $\varphi_r = \varphi_{sen}$ 时，$Z_{op.r}$ 的数值最大，等于 Z_{set}。

二、阻抗继电器的接线方式

（一）对接线方式的基本要求

根据距离保护的工作原理，加入继电器的电压 $\dot{U}_r$ 和电流 $\dot{I}_r$ 应满足以下要求：

①继电器的测量阻抗正比于短路点到保护安装地点之间的距离。

②继电器的测量阻抗与故障类型无关，也就是保护范围不随故障类型而变化。

类似于在功率方向继电器接线方式中的定义，当阻抗继电器加入的电压和电流为 $\dot{U}_{AB}$ 和 $\dot{I}_A - \dot{I}_B$ 时，称为"0°接线"；为 $\dot{U}_{AB}$ 和 $\dot{I}_A$ 时，称为"+30。接线"；为 $\dot{U}_A$ 和 $\dot{I}_A + 3K\dot{I}_0$ 时

称为具有 $\dot{I}_0$ 补偿的 "0°接线"。当采用 3 个继电器分别接于三相时，常用的几种接线方式的名称及相应的电压和电流组合见表 3-1。

表 3-1　常用的几种接线方式组合

接线方式	A 相		B 相		C 相	
	$\dot{U}_r$	$\dot{I}_r$	$\dot{U}_r$	$\dot{I}_r$	$\dot{U}_r$	$\dot{I}_r$
0°接线	$\dot{U}_{AB}$	$\dot{I}_A - \dot{I}_B$	$\dot{U}_{BC}$	$\dot{I}_B - \dot{I}_C$	$\dot{U}_{CA}$	$\dot{I}_C - \dot{i}_A$
+30°接线	$\dot{U}_{AB}$	$\dot{I}_A$	$\dot{U}_{BC}$	$\dot{I}_B$	$\dot{U}_{CA}$	$\dot{I}_C$
−30°接线	$\dot{U}_{AB}$	$-\dot{I}_B$	$\dot{U}_{BC}$	$-\dot{I}_C$	$\dot{U}_{CA}$	$-\dot{I}_A$
相电压和具有 $K3\dot{I}_0$ 补偿的相电流接线	$\dot{U}_A$	$\dot{I}_A + K3\dot{I}_0$	$\dot{U}_B$	$\dot{I}_B + K3\dot{I}_0$	$\dot{U}_c$	$\dot{I}_C + K3\dot{I}_0$

（二）相间短路阻抗继电器的 0°接线方式

这是在距离保护中广泛采用的接线方式，根据表 3-1 所示的关系，对各种相间短路时继电器的测量阻抗分析。在此，测量阻抗仍用电力系统一次侧阻抗表示，或认为电流和电压互感器的变比为 $n_{TA} = n_{TV} = 1$。

1. 三相短路

如图 3-5 所示，三相短路时，三相是对称的，3 个继电器的工作情况完全相同，故可以 A 相继电器为例分析之。设短路点至保护安装地点之间的距离为 lkm，线路每千米的正序阻抗为 Z_1，则保护安装地点的电压机 $\dot{U}_{AB}$ 应为：

$$\dot{U}_{AB} = \dot{U}_A - \dot{U}_B = \dot{I}_A Z_1 l - \dot{I}_B Z_1 l = (\dot{I}_A - \dot{I}_B) Z_1 l$$

则在三相短路时，继电器的测量阻抗为：

$$Z_{r_1}^{(3)} = \frac{\dot{U}_{AB}}{\dot{I}_A - \dot{I}_B} = Z_1 l$$

在三相短路时，3 个继电器的测量阻抗均等于短路点到保护安装地点之间的阻抗，3 个继电器均能动作。

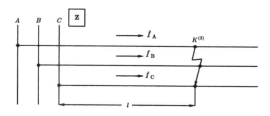

图 3-5　三相短路时测量阻抗的分析

2. 两相短路

如图 3-6 所示，设以 A、B 相间短路为例，则故障环路的电压 $\dot{U}_{AB}$ 为：

$$\dot{U}_{AB} = \dot{I}_A Z_1 l - \dot{I}_B Z_1 l = (\dot{I}_A - \dot{I}_B) Z_1 l$$

则继电器的测量阻抗为：

$$Z_{r_1}^{(2)} = \frac{\dot{U}_{AB}}{\dot{I}_A - \dot{I}_B} = Z_1 l$$

与三相短路时的测量阻抗相同，继电器能正确地动作。

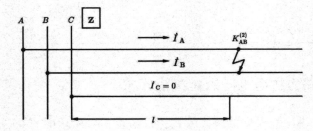

图 3-6 A、B 两相短路时测量阻抗的分析

在 A、B 两相短路的情况下，对 B、C 相继电器而言，由于所加电压为非故障相间的电压，数值较 U_{AB} 为高，而电流又只有一个故障相的电流，数值较 $(\dot{I}_A - \dot{I}_B)$ 为小，则其测量阻抗必然大于 $\dot{U}_{AB} = \dot{I}_A Z_1 l - \dot{I}_B Z_1 l = (\dot{I}_A - \dot{I}_B) Z_1 l$ 的数值。也就是说，它们不能正确地测量保护安装地点到短路点的阻抗，所以不能启动。

由此可见，在 A、B 两相短路时，只有 A 相继电器能准确地测量短路阻抗而动作。同理，分析 B、C 和 C、A 两相短路可知，相应地只有 B 相和 C 相继电器能准确地测量到短路点的阻抗而动作。这就是为什么要用 3 个阻抗继电器并分别接于不同相间的原因。

3. 中性点直接接地电网中的两相接地短路

如图 3-7 所示，仍以 A、B 两相故障为例，它与两相短路不同之处是地中有电流流回，因此，$\dot{I}_A \neq -\dot{I}_B$。

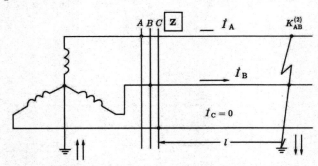

图 3-7 A、B 两相接地短路时测量阻抗的分析

此时，可以把 A 相和 B 相看成两个"导线—地"的送电线路并有互感耦合在一起，设用 Z_1 表示输电线每千米的自感阻抗，Z_M 表示每千米的互感阻抗，则保护安装地点的故障相电压应为：

$$\dot{U}_A = \dot{I}_A Z_1 l + \dot{I}_B Z_M l$$

$$\dot{U}_B = \dot{I}_B Z_1 l + \dot{I}_A Z_M l$$

则 A 相继电器的测量阻抗为：

$$Z_{r_1}^{(1,\ 1)} = \frac{\dot{U}_{AB}}{\dot{I}_A - \dot{I}_B}$$

$$= \frac{(\dot{I}_A - \dot{I}_B)(Z_1 - Z_M) l}{\dot{I}_A - \dot{I}_B}$$

$$= (Z_1 - Z_M) l = Z_1 l$$

由此可见，当发生 A、B 两相接地短路时，A 相继电器的测量阻抗与三相短路时相同，保护能够正确地动作。

（三）接地短路阻抗继电器的接线方式

在中性点直接接地的电网中，当零序电流保护不能满足要求时，一般考虑采用接地距离保护，以正确地反映这个电网中的接地短路。

在单相接地时，只有故障相的电压降低，电流增大，而任何相间电压都是很高的，因此，应该将故障相的电压和电流加入继电器中。例如，对 A 相阻抗继电器采用：

$$\dot{U}_t = \dot{U}_A; \qquad \dot{I}_r = \dot{I}_A$$

关于这种接线能否满足要求，现分析如下：将故障点的电压 $\dot{U}_{KA}$ 和电流 $\dot{I}_A$ 分解为对称分量，则

$$\left. \begin{array}{l} \dot{I}_A = \dot{I}_1 + \dot{I}_2 + \dot{I}_0 \\ \dot{U}_{KA} = \dot{U}_{K_1} + \dot{U}_{K_2} + \dot{U}_{K_0} = 0 \end{array} \right\}$$

按照各序的等效网络，在保护安装地点母线上各对称分量的电压与短路点的对称分量电压之间，应具有如下的关系：

$$\dot{U}_{A_1} = \dot{U}_{K_1} + \dot{I}_1 Z_1 l$$

$$\dot{U}_{A_2} = \dot{U}_{K_2} + \dot{I}_2 Z_2 l$$

$$\dot{U}_{A_0} = \dot{U}_{K_0} + \dot{I}_0 Z_0 l$$

则保护安装地点母线上的 A 相电压应为：

$$\dot{U}_A = \dot{U}_{A_1} + \dot{U}_{A_2} + \dot{U}_{A_0} = \dot{U}_{K_1} + \dot{I}_1 Z_1 l + \dot{U}_{K_2} + \dot{I}_2 Z_2 l + \dot{U}_{K_0} + \dot{I}_0 Z_0 l$$

$$= Z_1 l \left(\dot{I}_1 + \dot{I}_2 + \dot{I}_0 \frac{Z_0}{Z_1} \right)$$

$$= Z_1 l \left(\dot{I}_A - \dot{I}_0 + \dot{I}_0 \frac{Z_0}{Z_1} \right)$$

$$= Z_1 l \left(\dot{I}_A + \dot{I}_0 \frac{Z_0 - Z_1}{Z_1} \right)$$

当采用 $\dot{U}_r = \dot{U}_A$ 和 $\dot{I}_r = \dot{I}_A$ 的接线方式时，则继电器的测量阻抗为：

$$Z_r = \frac{\dot{U}_r}{\dot{I}_r} = Z_1 l + \frac{\dot{I}_0}{\dot{I}_A} (Z_0 - Z_1) l$$

此阻抗之值与 $\dot{I}_0 / \dot{I}_A$ 之比值有关，而这个比值因受中性点接地数目与分布的影响，并不等于常数，故继电器就不能准确地测量从短路点到保护安装地点之间的阻抗，因此，不能采用。为了使继电器的测量阻抗在单相接地时不受 $\dot{I}_0$ 的影响，根据以上分析的结果，就应该给阻抗继电器加入如下的电压和电流：

$$\dot{U}_r = \dot{U}_A$$

$$\dot{I}_r = \dot{I}_A + \dot{I}_0 \frac{Z_0 - Z_1}{Z_1} = \dot{I}_A + K3\dot{I}_0$$

式中，$3K = \dfrac{Z_0 - Z_1}{Z_1}$，一般可近似认为零序阻抗角和正序阻抗角相等，因而 K 是一个实数，继电器的测量阻抗为：

$$Z_r = \frac{\dot{U}_r}{\dot{I}_r} = \frac{Z_1 l (\dot{I}_A + K3\dot{I}_0)}{\dot{I}_A + K3\dot{I}_0} = Z_1 l$$

它能正确地测量从短路点到保护安装地点之间的阻抗，并与相间短路的阻抗继电器所测量的阻抗为同一数值，因此，这种接线得到了广泛应用。

为了反映任一相的单相接地短路，接地距离保护也必须采用 3 个阻抗继电器，其接线方式分别为：$\dot{U}_A$，$\dot{I}_A + K3\dot{I}_0$，$\dot{U}_B$，$\dot{I}_B + K3\dot{I}_0$，$\dot{U}_C$，$\dot{I}_C + K3\dot{I}_0$。

这种接线方式同样能够反映两相接地短路和三相短路，此时，接于故障相的阻抗继电器的测量阻抗也为 Z_1l。

第二节　影响距离保护动作的因素

一、短路点过渡电阻对距离保护的影响

电力系统中的短路一般都不是金属性的，而是在短路点存在过渡电阻。此过渡电阻的存在，将使距离保护的测量阻抗发生变化，一般情况下是使保护范围缩短，但有时候也能引起保护的超范围动作或反方向误动作。

（一）短路点过渡电阻的性质

短路点的过渡电阻 R_g 是指当相间短路或接地短路时短路电流从一相流到另一相或从相导线流入地的途径中所通过的物质的电阻（包括电弧、中间物质的电阻、相导线与地之间的接触电阻、金属杆塔的接地电阻等）。实验证明，当故障电流相当大时（数百安以上），电弧上的电压梯度几乎与电流无关，可取为每米弧长上 1.4~1.5kV（最大值）。根据这些数据可知电弧实际上呈现有效电阻，其值可按下式决定：

$$R_g \approx 1050 \frac{l_g}{I_g}$$

式中，I_g 为电弧电流的有效值，A；l_g 为电弧长度，m。

在一般情况下，短路初瞬间电弧电流 I_g 最大，弧长 l_g 最短，弧阻 R_g 最小。几个周期后，在风吹、空气对流和电动力等作用下，电弧逐渐伸长，弧阻 R_g 有急速增大之势。

在相间短路时，过渡电阻主要由电弧电阻构成，其值可按上述经验公式估计。在导线对铁塔放电的接地短路时，铁塔及其接地电阻构成过渡电阻的主要部分。铁塔的接地电阻与大地导电率有关。对于跨越山区的高压线路，铁塔的接地电阻可达数十欧。此外，当导线通过树木或其他物体对地短路时，过渡电阻更高，难以准确计算。

（二）单侧电源线路上过渡电阻的影响

在没有助增和外汲的单侧电源线路上，过渡电阻中的短路电流与保护安装处的电流为同一个电流。保护装置距短路点越近时，受过渡电阻影响越大；同时保护装置的整定阻抗

越小，则相对地受过渡电阻的影响也越大。

（三）双侧电源线路上过渡电阻的影响

在如图 3-8 所示的双侧电源线路上，短路点的过渡电阻还可能使某些保护的测量阻抗减小。如在线路 B-C 的始端经过渡电阻 R_g 三相短路时，$\dot{I}'_K$ 和 $\dot{I}''_K$ 分别为两侧电源供给的短路电流，则流经 R_g 的电流为 $\dot{I}_K = \dot{I}'_K + \dot{I}''_K$，此时，变电所 A 和 B 母线上的残余电压为：

$$\dot{U}_B = \dot{I} \cdot R_B$$

$$\dot{U}_A = \dot{I}_K R_g + \dot{I}'_K Z_{AB}$$

则保护 1 和 2 的测量阻抗为：

$$Z_{r \cdot 1} = \frac{\dot{U}_B}{\dot{I}'_K} = \frac{\dot{I}_K}{\dot{I}'_K} R_g = \frac{I_K}{I'_K} R_g e^{j\alpha}$$

$$Z_{r \cdot 2} = \frac{\dot{U}_A}{\dot{I}'_K} = Z_{AB} + \frac{I_K}{I'_K} R_B e^{j\alpha}$$

此处，α 表示 $\dot{I}_K$ 超前于 $\dot{I}'_K$ 的角度。当 α 为正时，测量阻抗的电抗部分增大；而当 α 为负时，测量阻抗的电抗部分减小。在后一种情况下，也可能引起某些保护的无选择性动作。

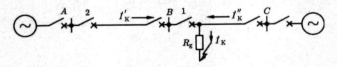

图 3-8　双侧电源通过 R_g 路的接线图

（四）克服过渡电阻影响的措施

由于接地故障的过渡电阻远大于相间故障的过渡电阻，所以过渡电阻对接地距离元件的影响要大于对相间距离元件的影响。目前防止过渡电阻影响的措施有：①采用能容纳较大的过渡电阻而不致拒动的阻抗继电器，可防止过渡电阻对继电器工作的影响。②利用所谓瞬时测量装置来固定阻抗继电器的动作。

二、电力系统振荡对距离保护的影响及振荡闭锁回路

电力系统在正常运行时，所有接入系统的发电机都处于同步运行状态。当系统因短路

切除太慢或因遭受较大冲击时，并列运行的发电机失去同步，系统发生振荡时，系统中各发电机电势间的相角差发生变化，可能导致保护误动作。但通常系统振荡若干周期后可以被拉入同步，恢复正常运行。因此，距离保护必须考虑系统振荡对其工作的影响。

（一）　电力系统振荡时电流、电压的分布

从电压、电流的数值看，这和在此点发生三相短路无异。但是系统振荡属于不正常运行状态而非故障，继电保护装置不应动作切除振荡中心所在线路。因此，继电保护装置必须具备区别三相短路和系统振荡的能力，才能保证在系统振荡状态下的正确工作。

（二）　电力系统振荡对距离保护的影响

在同样整定值的条件下全阻抗继电器受振荡的影响最大，而椭圆继电器所受的影响最小。此外，距离保护受振荡的影响还与保护的安装地点有关。当保护安装地点越靠近于振荡中心，受到的影响越大，而振荡中心在保护范围以外时，系统振荡，距离保护不会误动。

（三）　振荡闭锁回路

对于在系统振荡时可能误动作的保护装置，应该装设专门的振荡闭锁回路，以防止系统振荡时误动。当系统振荡使两侧电源之间的角度摆到 $\delta = 180°$ 时，保护所受的影响与在系统振荡中心处三相短路时是一样的，因此，就必须要求振荡闭锁回路能够有效地区分系统振荡和发生三相短路这两种不同情况。

电力系统发生振荡和短路时的区别，主要有：①电力系统发生短路的瞬间，短路电流突然增加，母线电压突然降低，变化速度很快，但在短路发生后，若不计其衰减，电流、电压将基本不再变化，保护的测量阻抗，将从负荷阻抗突变为短路阻抗、并维持为短路阻抗不再变化。②系统发生各种不对称短路时，故障电压、电流会有较大的负序分量，在发生三相短路的最初瞬间，也会因暂时的不对称而出现负序分量。系统振荡时，三相完全对称，不会出现负序分量。③系统短路时，测量电压与测量电流之间的相位差取决于线路阻抗角，基本不变。系统振荡时，电压、电流之间的相位，随着 δ 的变化而变化。

距离保护的振荡闭锁应满足以下基本要求：①系统发生振荡而没有故障时，应可靠地将保护闭锁，且振荡不停息，闭锁不解除。②系统发生各种类型的故障时，保护不应被闭锁，以保证保护正确动作。③振荡过程中发生故障时，保护应能够正确地动作。④先故障而后又发生振荡时，保护不致无选择性的动作。

三、电压回路断线对距离保护的影响

当电压互感器二次回路断线时，距离保护将失去电压，这时阻抗元件失去电压而电流回路仍有负荷电流通过，可能造成误动作。对此，在距离保护中应装设断线闭锁装置。

对断线闭锁装置的主要要求是：当电压互感器发生各种可能导致保护误动作的故障时，断线闭锁装置均应动作，将保护闭锁并发出相应的信号。而当被保护线路发生各种故障，不因故障电压的畸变错误地将保护闭锁，以保证保护可靠动作。

当距离保护的振荡闭锁回路采用负序电流和零序电流（或它们的增量）起动时，它可兼作断线闭锁。为了避免在断线后又发生外部故障，造成距离保护无选择性动作，一般还应装设断线信号装置，以便值班人员能及时发现并处理之。断线信号装置大都是反应于断线后所出现的零序电压来构成的。

第三节　多相式补偿阻抗继电器

故障相的接地阻抗继电器仅能正确测量接地故障点到保护安装处的线路阻抗，反映故障的类型是单相接地、两相短路接地和三相短路故障；继电器不能正确测量相间短路故障点到保护安装处的线路阻抗。故障相的相间阻抗继电器能正确测量相间故障点到保护安装处的线路阻抗，反映故障的类型是相间短路、两相短路接地和三相短路故障；不能正确测量单相接地故障点到保护安装处的线路阻抗。因此，作为距离保护，为反映输电线路的接地短路故障，应设置接地距离保护（当接地故障的过渡电阻过大时，为防止接地阻抗继电保护器的拒动，同时还需设零序电流保护）；为反映输电线路的相间短路故障，应设置相间距离保护。这样，当保护装置是电子型时，输电线路的距离保护装置显得相当复杂。当然，若保护装置是微机型，则不会增加保护装置硬件的复杂性，但软件相对要复杂一些。

利用单一继电器来反映不同相别的短路故障或者反映多种类型的短路故障，可以实现距离保护的简化。通常这种类型的继电器称为多相阻抗补偿器。例如，可以采用一个单系统的多相补偿阻抗补偿器，来反映不同相别（AB、BC、CA）的相间短路故障，或反映所有相别的接地短路故障，或反映所有不对称短路故障。有时为了减少复杂性，可将一个多相补偿阻抗继电器分解成 3 个单相补偿阻抗继电器，而每个单相补偿阻抗继电器可反映包括该相在内的所有短路故障。

此外，多相补偿阻抗继电器具有不反映系统全相振荡对称过负荷的特点，同时还具有躲负荷阻抗能力好，与一般圆特性方向阻抗继电器相比还具有允许故障点过渡阻抗较大的优点。

一、继电器的极化电压和补偿电压

在距离保护中，阻抗继电器（或称阻抗元件）是一个核心元件，它能测量保护安装点到线路故障点间的阻抗，而方向阻抗继电器不仅能测量阻抗还能测出故障点的方向。因输电线阻抗大小即反映线路的长度，故继电器测量到的阻抗也反映了故障点离保护安装点的距离。

在图 3-9（a）中，设阻抗继电器安装在线路 MN 的 M 侧，继电器安装处母线上的测量电压为 $\dot{U}_k$，以由母线流向被保护线路的测量电流为 $\dot{I}_k$，显然 $\dot{U}_{rm}$、$\dot{I}_{rm}$ 即为接入继电器的电压、电流。

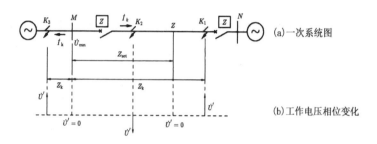

图 3-9　距离保护基本原理说明

当被保护线路上发生短路故障时，阻抗继电器的测量阻抗（继电器端子上阻抗）Z_k 为

$$Z_k = \frac{\dot{U}_k}{\dot{I}_k}$$

为使 Z_k 等于故障点到母线 M 侧的线路阻抗（正序阻抗），显然对于三相短路或相间短路，$\dot{U}_k = \dot{U}_{\varphi\varphi}$（$\varphi\varphi = AB$、BC 或 CA），即相间电压；$\dot{I}_k = \dot{I}_{\varphi\varphi}$，即为同名相的两相电流之差。对于接地短路故障，$\dot{U}_k = \dot{U}_{\varphi\varphi} = A$、B 或 C，即为相电压；$\dot{I}_k = \dot{I}_\varphi + K3\dot{I}_0$，即为带有零序电流补偿的同名相电流，其中零序电流补偿系数 $\dot{K} = \dfrac{Z_0 - Z_1}{3Z_1}$，而 Z_0、Z_1 是被保护线路单位长度的零序阻抗、正序阻抗。

设阻抗继电器的工作电压为 $\dot{U}'$（也称补偿电压）为：

$$\dot{U}' = \dot{U}_k - \dot{I}_k Z_{set}$$

式中，Z_{set} 为阻抗继电器的整定阻抗，整定阻抗角等于被保护线路阻抗角。

由图 3-9（a）明显可见，$\dot{U}'$ 即为 Z 点的电压。当 Z 点发生短路故障时，有 $\dot{U}_k/\dot{I}_k =$

Z_{set}，Z_{set} 即为 MZ 线路段的正序阻抗。这样，$\dot{U}'$ 是整定阻抗末端的电压，当整定阻抗确定后，$\dot{U}'$ 就可在保护安装处测量到。显然，反映接地短路故障的阻抗继电器，工作电压为：

$$\dot{U}'_{\varphi} = \dot{U}_{\varphi} - (\dot{I}_{\varphi} + \dot{K}3\dot{I}_0) Z_{set}$$

反映相间短路故障的阻抗继电器，工作电压为：

$$\dot{U}'^{i}_{\varphi\varphi} = \dot{U}_{\varphi\varphi} - \dot{I}_{\varphi\varphi} Z_{set}$$

保护区末端 Z 点短路故障时有 $Z_k = Z_{set}$，$\dot{U}' = \dot{I}_k Z_k - \dot{I}_k Z_{set} = 0$；正向保护区外 K_1 点短路故障时有 $Z_k > Z_{set}$，注意到 Z_k 与 Z_{set} 有相同的阻抗角，$\dot{U}' = \dot{I}_k (Z_k - Z_{set}) > 0$，在这里 $\dot{U}' > 0$ 的含义是 $\dot{U}'$ 与 $\dot{I}_k Z_k (\dot{U}_m)$ 同相位；正向保护区 K_2 点短路故障时，有 $Z_k < Z_{set}$，$\dot{U}' = \dot{I}_k (Z_k - Z_{set}) < 0$；反向 K_3 点短路故障时，由于此时流经保护的电流 $\dot{I}_k$ 与规定正方向相反，有 $\dot{U}_k = \dot{I}_k Z_k$，$\dot{I}_k Z_{set} = - \dot{i}_k Z_{set}$，故 $\dot{U}' = \dot{U}_k - \dot{I}_k Z_{set}$ 表示的工作电压为 $\dot{U}' = \dot{U}_k - \dot{I}_k Z_{set}$ $\dot{I}_k (Z_k + Z_{set}) > 0$。这里 $\dot{U}' > 0$ 的含义是 $\dot{U}'$ 与 $\dot{i}_k Z_k (\dot{U}_k)$ 同相位，注意到正、反向短路故障时母线电压相位不变换，所以反向短路故障与正向保护区外短路故障，电压 $\dot{U}'$ 具有相同的相位。不同地点短路故障时 $\dot{U}'$ 的相位变换如图 3-9（b）所示。可见，只要检测电压 $\dot{U}'$ 的相位变化，不仅能测量出阻抗大小，而且还能检测出短路故障方向。显然，$\dot{U}' \leqslant 0$ 作阻抗继电器的动作判据，构成的是方向阻抗继电器。同时也可看出，阻抗继电器是其端子上测量阻抗下降到一定值（Z_{set}）而动作的一种继电器，Z_{set} 一经整定，保护区也随之确定，如图 3-9（a）中的 MZ 线路长度，当然保护区原则上不受系统运行方式变换的影响。

为了要实现 $\dot{U}' \leqslant 0$ 为动作判断的阻抗继电器，通常可用两种方法来实现。第一种方法是设置极化电压 $\dot{U}_p$，一般与 $\dot{U}_k$ 同相位，当以 $\dot{U}_p$ 作为参考向量时，做出区内、外短路故障时 $\dot{U}'$ 与 $\dot{U}_p$ 的相位关系如图 3-10 所示。可见 $\dot{U}'$ 与 $\dot{U}_p$ 反相位时，判断为区内故障；$\dot{U}'$ 与 $\dot{U}_p$ 同相位时，判断为区外故障（包括反方向故障）。在这里 $\dot{U}_p$ 只起相位参考作用，并不参与阻抗测量，可称为阻抗继电器的极化电压。显然，$\dot{U}_p$ 是继电器正确工作所必需的，任何时候其值不能为零。因继电器比较的是 $\dot{U}'$ 与 $\dot{U}_p$ 的相位，与 $\dot{U}'$、$\dot{U}_p$ 的大小无关，故以这种原理工作的阻抗继电器可称为按相位比较方式工作的阻抗继电器。由图 3-10 可写出相位比较方式工作的阻抗继电器的动作判断为：

$$90° \leqslant \arg \frac{\dot{U}'}{\dot{U}_p} \leqslant 270°$$

$\dot{U}'$ 相位的变换实质上反映了短路阻抗 Z_k 与整定阻抗 Z_{set} Z 心的比较。阻抗继电器正是反应于这个电压相位变化而动作。因此在任何特性的阻抗继电器中均含有 $\dot{U}'$ 这个电压。

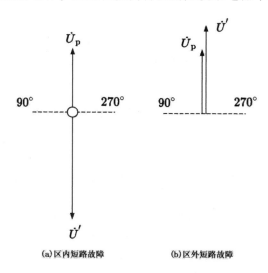

(a)区内短路故障　　**(b)区外短路故障**

图 3-10　区内、外短路故障时 $\dot{U}'$ 与 $\dot{U}_p$ 相位关系

为了判别 $\dot{U}'$ 相位的变化，必须有一个参考矢量作为基准，这就是所采用的极化电压 $\dot{U}_p$。当 $\arg \dot{U}_p / \dot{U}'$ 满足一定的角度时，继电器应启动，而当 $\arg \dot{U}_p / \dot{U}' = 180°$ 时，继电器动作最灵敏。从这一观点出发，可以认为不同特性的阻抗继电器的极化电压 $\dot{U}_p$ 不同。一个阻抗继电器的极化电压，可以选取另一个阻抗继电器的补偿电压为之，这称为交叉极化。

二、反映相间短路故障的多相补偿阻抗继电器

设 AB 相、BC 相、CA 相继电器的工作电压（补偿电压）分别为：

$$\left.\begin{aligned}
\dot{U}'_{AB} &= \dot{U}_{AB} - \dot{I}_{AB} Z_{set} \\
\dot{U}'_{BC} &= \dot{U}_{BC} - \dot{I}_{BC} Z_{set} \\
\dot{U}'_{CA} &= \dot{U}_{CA} - \dot{I}_{CA} Z_{set}
\end{aligned}\right\}$$

保护区内发生不同相别的相间短路故障时，$\dot{U}'_{AB}$ 滞后 $\dot{U}'_{BC}$，$\dot{U}'_{BC}$ 滞后 $\dot{U}'_{CA}$，$\dot{U}'_{CA}$ 滞后 $\dot{U}'_{AB}$ 的相位关系，正向保护区外和反方向上发生不同相别的相间短路故障时，不具有上述相位

$$180° \leqslant \arg \frac{\dot{U}'_{AB} - \dot{I}_{AB} Z_{set}}{\dot{U}'_{BC} - \dot{I}_{BC} Z_{set}} \leqslant 360°$$

关系。因此，可用 $180° \leqslant \arg \dfrac{\dot{U}'_{BC} - \dot{I}_{BC} Z_{set}}{\dot{U}'_{CA} - \dot{I}_{CA} Z_{set}} \leqslant 360°$ 示出的任一动作方程构成反映相间短

$$180° \leqslant \arg \frac{\dot{U}'_{CA} - \dot{I}_{CA} Z_{set}}{\dot{U}'_{AB} - \dot{I}_{AB} Z_{set}} \leqslant 360°$$

路故障的多相补偿阻抗继电器。

反方向和正方向区外相间短路故障时，不管相间短路故障相别如何，$\dot{U}'_{AB}$、$\dot{U}'_{BC}$、$\dot{U}'_{CA}$ 总是呈正相序关系，保护区内不同相别相间短路故障时，$\dot{U}'_{AB}$、$\dot{U}'_{BC}$、$\dot{U}'_{CA}$ 呈反相序关系。此外，保护区内 AB 相短路故障时，有 $\dot{U}'_{AB}$ 滞后 $\dot{U}'_{BC}$、$\dot{U}'_{BC}$ 滞后 $\dot{U}'_{CA}$ 的相位关系。这种相位关系是正向保护区外和反方向上两相短路故障时所不具备的。因此，可设置继电器 1、继电器 2、继电器 3，它们的动作方程为：

$$180° \leqslant \arg \frac{\dot{U}'_{AB} - \dot{I}_{AB} Z_{set}}{\dot{U}'_{BC} - \dot{I}_{BC} Z_{set}} \leqslant 360°$$

$$180° \leqslant \arg \frac{\dot{U}'_{BC} - \dot{I}_{BC} Z_{set}}{\dot{U}'_{CA} - \dot{I}_{CA} Z_{set}} \leqslant 360°$$

$$180° \leqslant \arg \frac{\dot{U}'_{CA} - \dot{I}_{CA} Z_{set}}{\dot{U}'_{AB} - \dot{I}_{AB} Z_{set}} \leqslant 360°$$

这样，保护区内发生相间短路故障时，至少有两个继电器动作，即至少有两个继电器动作时，可判断保护区内发生了相间短路。

由此可见，一个继电器的极化电压是另一个继电器的补偿电压，构成了交叉极化的关系。

因 $\dot{U}'_{AB}$、$\dot{U}'_{BC}$、$\dot{U}'_{CA}$ 不反映零序分量，故继电器同样反映两相接地短路故障。继电器不反映三相短路故障。

三、反映所有不对称短路故障的多相补偿阻抗继电器

（一）构成原理

根据不同位置单相接地时的相位关系，不同位置两相接地短路时的相位关系，对于相间短路故障，因无零序电流，保护安装处母线电压 $\dot{U}_A$，$\dot{U}_B$，$\dot{U}_C$ 分别为：

$$
\left.
\begin{aligned}
\dot{U}_A &= \dot{U}_{KA}^{(2)} + \dot{I}_A Z_K \\
\dot{U}_B &= \dot{U}_{KB}^{(2)} + \dot{I}_B Z_K \\
\dot{U}_C &= \dot{U}_{KC}^{(2)} + \dot{I}_C Z_K
\end{aligned}
\right\}
$$

其中 $\dot{U}_{KA}^{(2)}$、$\dot{U}_{KB}^{(2)}$、$\dot{U}_{kC}^{(2)}$ 是故障点的线电压，$\dot{I}_A$、$\dot{I}_B$、$\dot{I}_c$ 是保护安装处母线流向被保护线路的三相电流，Z_K 是故障点到保护安装处的线路正序阻抗，则

$$
\left.
\begin{aligned}
\dot{U}_A^{'} &= \dot{U}_{KA}^{(2)} + \dot{I}_A (Z_K - Z_{set}) \\
\dot{U}_B^{'} &= \dot{U}_{KB}^{(2)} + \dot{I}_B (Z_K - Z_{set}) \\
\dot{U}_C^{'} &= \dot{U}_{KC}^{(2)} + \dot{I}_C (Z_K - Z_{set})
\end{aligned}
\right\}
$$

因此，所有不对称短路故障，其共同特点可归纳如下。

①在保护区内发生接地和相间故障时，$\dot{U}_A^{'}$，$\dot{U}_B^{'}$，$\dot{U}_C^{'}$ 为逆相序（或逆时序），即 $A \to C \to B \to A$；保护区末端故障时，$\dot{U}_A^{'}$，$\dot{U}_B^{'}$，$\dot{U}_C^{'}$ 中有一个或两个相量为零值（接地故障时），或 3 个相量在一条直线上，一个相量与另外两个相量反相（相间故障时），表现为临界状态；正向保护区外和反方向上短路故障时，$\dot{U}_A^{'}$，$\dot{U}_B^{'}$，$\dot{U}_C^{'}$ 为正相序（或正时序），即 $A \to B \to C \to A$。

②保护区内短路故障时，若 A 相故障和 BC 相故障（包括接地），则 $\dot{U}_{BC}^{'}$（即 $\dot{U}_B^{'} - \dot{U}_C^{'}$，以下类同）超前 $\dot{U}_A^{'}$ 的相角为 $0° \sim 180°$；保护区末端故障时，$\dot{U}_A^{'}$ 或 $\dot{U}_{BC}^{'}$ 为零值，表现为临界状态；正向保护区外和反方向上短路故障时，$\dot{U}_{BC}^{'}$ 滞后 $\dot{U}_A^{'}$ 的相角为 $0° \sim 180°$。同样情况，区内 B 相故障和 CA 相故障（包括接地）时，$\dot{U}_{CA}^{'}$ 超前 $\dot{U}_B^{'}$ 的相角为 $0° \sim 180°$，正向保护区外和反方向上短路故障时，$\dot{U}_{CA}^{'}$ 超前 $\dot{U}_B^{'}$ 的相角为 $0° \sim 180°$；区内 C 相故障和 AB 相故障（包括接地）时，$\dot{U}_{AB}^{'}$ 超前 $\dot{U}_c^{'}$ 的相角为 $0° \sim 180°$，正向保护区外和反方向上短路故障时，

$\dot{U}'_{AB}$ 滞后 $\dot{U}'_c$ 的相角为 $0°\sim180°$。

③保护区内相间短路故障（AB、BC、CA）时，两相故障中滞后相的 $\dot{U}'_\varphi$ 超前越前相的 $\dot{U}'_\varphi$（AB 相短路故障时，$\dot{U}'_B$ 超前 $\dot{U}'_A$；BC 相短路故障时，$\dot{U}'_c$ 超前 $\dot{U}'_B$；$\dot{U}'_A$ 相短路故障时，$\dot{U}'_A$ 超前 $\dot{U}'_c$）的相角为 $0°\sim180°$；保护区内接地短路故障时，故障相和非故障相的补偿电压间，滞后相的 $\dot{U}'_\varphi$ 超前越前相的 $\dot{U}'_\varphi$ 的相角为 $0°\sim180°$，如 A 相或 BC 相接地故障，$\dot{U}'_B$ 超前 $\dot{U}'_A$；$\dot{U}'_A$ 超前 $\dot{U}'_c$ 的相角为 $0°\sim180°$。正向保护区外和反方向上短路故障时，均不满足上述情况。归纳这个情况，滞后相工作电压超前越前相工作电压的相角为 $0°\sim180°$ 时，所反映的故障类型见表 3-2。

表 3-2　$0°\leqslant\arg\dfrac{\dot{U}'_B}{\dot{U}'_A}\leqslant180°$、$0°\leqslant\arg\dfrac{\dot{U}'_C}{\dot{U}'_B}\leqslant180°$、$0°\leqslant\arg\dfrac{\dot{U}'_A}{\dot{U}'_C}\leqslant180°$ **反应的故障类型**

故障类型	$0°\leqslant\arg\dfrac{\dot{U}'_B}{\dot{U}'_A}\leqslant180°$	$0°\leqslant\arg\dfrac{\dot{U}'_C}{\dot{U}'_B}\leqslant180°$	$0°\leqslant\arg\dfrac{\dot{U}'_A}{\dot{U}'_C}\leqslant180°$
单相接地故障	A 相、B 相	B 相、C 相	C 相、A 相
两相相间故障	AB 相、BC 相、CA 相	AB 相、BC 相、CA 相	AB 相、BC 相、CA 相
两相接地故障	BC 相、CA 相	AB 相、CA 相	AB 相、BC 相

综上所述，为反映所有不对称短路故障，可以判定 $\dot{U}'_A$，$\dot{U}'_B$，$\dot{U}'_C$ 的时序，当出现逆时序时动作；

也可以判定 $\dot{U}'_{BC}$ 和 $\dot{U}'_A$，$\dot{U}'_{CA}$ 和 $\dot{U}'_B$，$\dot{U}'_{AB}$ 和止 的相位关系，$0°\leqslant\arg\dfrac{\dot{U}'_{BC}}{\dot{U}'_A}\leqslant180°$ 可以用来反映 A 相故障和 BC 相的故障，$0°\leqslant\arg\dfrac{\dot{U}'_{CA}}{\dot{U}'_B}\leqslant180°$ 可以用来反映 B 相故障和 CA 相故障，$0°\leqslant\arg\dfrac{\dot{U}'_{AB}}{\dot{U}'_C}\leqslant180°$ 可以用来反映 C 相故障和 AB 相故障；还可以比较 $\dot{U}'_B$ 和 $\dot{U}'_A$，$\dot{U}'_c$ 和 $\dot{U}'_B$，$\dot{U}'_A$ 和 $\dot{U}'_c$ 的相位，见表 3-2，3 个比相条件的简单组合，即 $0°\leqslant\arg\dfrac{\dot{U}'_B}{\dot{U}'_A}\leqslant180°$、$0°\leqslant\arg\dfrac{\dot{U}'_C}{\dot{U}'_B}\leqslant180°$，$0°\leqslant\arg\dfrac{\dot{U}'_A}{\dot{U}'_C}\leqslant180°$。可以反映所有不对称短路故障。显然，以上述原理构成的多

相补偿阻抗继电器不反映三相短路故障。

应当指出，还可以应用 $\dot{U}'_A$，$\dot{U}'_B$，$\dot{U}'_C$ 与 $\dot{U}_B$，$\dot{U}_C$，$\dot{U}_A$（或 $\dot{U}_C$，$\dot{U}_A$，$\dot{U}_B$）在保护区内和区外故障有不同的相位关系，构成反映所有短路故障的单相补偿阻抗继电器。

（二）分相多项补偿阻抗继电器

由表 3-2 可见，继电器的比相判据为：

$$\left.\begin{array}{l} 0^{\circ} \leqslant \arg \dfrac{\dot{U}'_B}{\dot{U}'_A} \leqslant 180^{\circ} \\[3mm] 0^{\circ} \leqslant \arg \dfrac{\dot{U}'_C}{\dot{U}'_B} \leqslant 180^{\circ} \\[3mm] 0^{\circ} \leqslant \arg \dfrac{\dot{U}'_A}{\dot{U}'_C} \leqslant 180^{\circ} \end{array}\right\}$$

只要将其简单组合就可反映所有不对称短路故障，并有方向性。

第四章 发电机保护

第一节 发电机定子与转子故障保护

一、发电机定子绕组的相间、匝间故障保护

（一）发电机无制动特性纵差保护

发电机纵差动保护是发电机定子绕组及其引出线相间短路的主保护。发电机纵差动保护的原理与短距离输电线路纵差动保护原理基本相同，只是电流参考方向不同，这里约定两端均以流向机端为正。通过比较发电机两侧电流的大小和相位，反应发电机及其引出线的相间短路故障。

小容量发电机可装设按躲过外部短路时最大不平衡电流整定的无制动特性纵差保护，保护原理、整定计算方法与线路无制动特性纵差保护相同，不再重复。

纵联差动保护的灵敏性仍以灵敏系数来衡量，其值为

$$K_{sen} = \frac{I_{k, min}}{I_{op}}$$

式中，$I_{k, min}$ 为发电机内部故障时流过保护装置的最小短路电流。实际上应考虑下面几种情况。

①发电机与系统并列运行以前，在其出线端发生两相短路，此时，差动回路中只有由发电机供给的短路电流。

②发电机采用自同期并列时（此时发电机先不加励磁，因此，发电机的电势 ERO），在系统最小运行方式下，发电机出线端发生两相短路，此时，差动回路中只有由系统供给的短路电流。

对于灵敏系数的要求一般不应低于2。

这样的保护在发电机内部故障的灵敏度较低，若出现轻微的内部故障，或内部经比较大的过渡电阻短路时，保护不能动作。对于大、中型发电机，即使轻微故障也会造成严重后果。为了提高保护的灵敏性，有必要将差动保护的动作电流减小，而在任何外部故障时希望不误动。显然有制动特性纵差保护是必然选择。

（二）发电机微机比率制动特性纵差保护原理

根据接线方式和位置的不同，纵差保护还可分为完全纵联差动和不完全纵联差动。比率制动式完全差动保护是发电机内部和接引线相间短路故障的主保护。不完全纵联差动保护也是发电机内部和接引线故障的主保护，它既能反应发电机（或发变组）定子内部各种相间短路，也能反应定子匝间短路和分支绕组的开焊故障。

（三）发电机标量积制动特性纵差保护原理

发电机标量积（简称标积）制动差动保护可作为发电机内部相间短路故障的主保护，是差动保护的又一种方法。

利用基波电流相量的标量积构成比例制动特性继电器，是相量幅值比率制动的另一种形式。

标积制动式差动保护的判据为

$$|\dot{I}_1 - \dot{I}_2|^2 \geq S|\dot{I}_1| \times |\dot{I}_2| \times \cos\theta$$

式中，θ 为 $\dot{I}_1$，$\dot{I}_2$ 的相角差，一般标积制动系数 $S \approx 1.0$。

当内部短路时，判据左边两侧电流相量和绝对值的平方是一个很大的值，此时两侧电流的相位差为 180° 左右，即右端是一个负值，因此具有很高的灵敏性；外部短路时，判据左边两侧电流相量差绝对值的平方是一个很小的值，此时两侧电流的相位差为 0° 左右，即右端是一个大大的正值，因此具有很高的制动特性，保护不会误动。

标积制动式差动保护具有表达式简单，便于整定调试，其性能优于或等于相量比率制动纵差保护等优点。

标积制动式纵联差动保护和比率制动纵联差动保护一样，也可作为发电机变压器组（简称发变组）的纵联差动保护，当作为发变组纵联差动保护时，均应增设防励磁涌流误动的二次谐波闭锁判据。

（四）发电机定子匝间短路保护

1. 单继电器式横联差动保护

对于定子绕组为双或多形接线的发电机，广泛采用横联差动保护。

利用流入两中性点连线的零序电流，构成单继电器式横联差动保护。当正常运行时，每个并联分支的电势是相等的，三相电势是平衡的，则两中性点无电压差，连线上无电流流过（或只有数值较小的不平衡电流），保护不会动作。当发生匝间短路时，两中性点的连线有零序电流通过，保护反应于这一电流而动作。这就是发电机横联差动保护的原理。

由于发电机电流波形即使是在正常运行时也不是纯粹的基波，尤其是当外部故障时，波形畸变较严重，在中性点的连线上出现以三次谐波为主的高次谐波分量，为此，保护装设了三次谐波滤过器，消除其影响，从而提高保护的灵敏度。

在转子回路发生两点接地故障时，转子回路的磁势平衡被破坏，则在定子绕组并联分支中所感应的电势不同，造成横差动保护误动作。若此两点接地故障是永久性的，应由转子两点接地保护切除故障，这有利于查找故障，但若两点接地故障是瞬时性的，则不允许切除发电机，因此，需增设 $0.5 \sim 1s$ 的延时，以躲过瞬时两点接地故障。

根据运行经验，保护的动作电流为

$$I_{op} \geqslant (0.2 \sim 0.3) I_N / n_{TA}$$

式中，I_N 为发电机的额定电流。

微机保护用软件滤除三次谐波影响，其动作电流整定为

$$I_{op} \geqslant K_{rel} \cdot K_{aper} \cdot \sqrt{I_{dsq,1,max}^2 + (I_{dsq,3,max}/K_3)^2}$$

式中，可靠系数 K_{rel} 取 $1.3 \sim 1.5$；暂态系数 K_{aper} 取 2；$I_{dsq,1,max}^2$ 为外部短路时基波零序电流的最大值；$I_{dsq,3,max}$ 为外部短路时的三次谐波电流最大值；K_3 为三次谐波滤过比（基波/三次谐波），$K_3 \geqslant 80$。

发电机投运前做升压实验测取零序电流（不平衡电流），用外推法求外部短路最大短路电流（$1/X_d''$）的 $I_{dsq,1,max}$ 和 $I_{dsq,3,max}$。

这种保护灵敏度较高，但在切除故障时有一定的死区，即：①单相分支匝间短路的 α 较小时；②同相两分支间匝间短路，且 $\alpha_1 = \alpha_2$ 或 α_1 与 α_2 差别较小时。

2. 故障分量负序功率方向保护元件

该方案不需引入发电机纵向零序电压。

故障分量负序功率方向（ΔP_2）保护主要装在发电机端，不仅可作为发电机内部匝间短路的主保护，还可作为发电机内部相间短路及定子绕组开焊的保护，也可装设于主变高压侧使保护范围扩大到整个发变组。

（1）保护原理

当发电机三相定子绕组发生相间短路、匝间短路及分支开焊等不对称故障时，负序源在故障发生点，由于系统侧是对称的，则必有负序功率由发电机流出。设机端负序电压和负序电流的故障分量分别为 $\Delta \dot{U}_2$ 和 $\Delta \dot{I}_2$，则负序功率的故障分量为

$$\Delta P_2 = 3\mathrm{Re}(\Delta \dot{U}_2 \cdot \Delta \dot{I}_2 \cdot e^{-j\varphi})$$

式中，$\Delta \dot{I}_2$ 为 $\Delta \dot{I}_2$ 的共轭相量；φ 为故障分量负序方向继电器的最大灵敏角。一般在 $75°\sim$

85°（$\Delta\dot{I}_2$ 滞后 $\Delta\dot{U}_2$ 的角度），$\Delta\dot{U}_2 = \dot{U}_{k2} - \dot{U}_{L2}$，$\Delta\dot{I}_2 = \dot{I}_{k2} - \dot{I}_{L2}$，（下标 k 为故障，L 为负荷）。

因此，故障分量负序功率方向保护的动作判据可近似表示为

$$\Delta\dot{U}_{2R} \cdot \Delta\dot{I}_{2R} + \Delta\dot{U}_{2I} \cdot \Delta\dot{I}_{2I} > 0$$

将 $\Delta\dot{I}_2$ 移相，得

$$\Delta\dot{I}_2' = \Delta\dot{I}_2 \cdot e^{j\varphi}$$

则动作判据表示为

$$\Delta P_2 = \Delta\dot{U}_2 \cdot \Delta\dot{I}_2' = \Delta\dot{U}_{2R} \cdot \Delta\dot{I}_{2R}' + \Delta\dot{U}_{2I} \cdot \Delta\dot{I}_{2I}' > 0$$

式中，下标 R、I 分别表示实部、虚部。

实际应用动作判据可综合为

$$\begin{cases} |\Delta\dot{U}_2| > \varepsilon_u \\ |\Delta\dot{I}_2| > \varepsilon_i \\ \Delta p_2 = \Delta\dot{U}_{2R} \cdot \Delta\dot{I}_{2R}' + \Delta\dot{U}_{2I}' \cdot \Delta\dot{I}_{2I}' > \varepsilon_p \end{cases}$$

式中，ε_u，ε_i，ε_p 分别为故障分量负序电压、负序电流、负序功率门槛值。只有当三个式子同时成立才跳闸。

需要说明的是，保护定义的负序功率 ΔP_2 并非发电机机端故障前后负序功率之差，其定义的 ΔP_2 是由上述 $\Delta\dot{U}_2$ 和 $\Delta\dot{I}_2$ 确定的。利用故障前后功率之差作判据，虽能判断是外部还是内部发生不对称故障，但是当外部短路切除时，发电机突然失去输入的负序功率，也即相当于增加输出负序功率，保护装置将误判为发电机内部故障。另外，由于傅氏算法及滤序算法都是基于稳态正弦波周期分量推导出的，利用频率跟踪技术和序分量补偿的方法可避开暂态过程中误判方向的问题。

（2）定值整定计算及注意事项

根据经验，建议 $\varepsilon_u < 1\%$，$\varepsilon_i < 3\%$。根据发电机定子绕组内部故障的计算实例，ΔP_2 大约在 0.1%，因此保护 ε_p 可固定选取 $\varepsilon_p < 0.1\%$（以发电机额定容量为基准）。

上述 ε_u，ε_i，ε_p 整定值为初选数值，在应用中应根据机组实际运行情况作适当修正。

故障分量负序功率（ΔP_2）方向保护若装在发电机中性点（电流取中性点 TA），则仅反应发电机内部匝间短路故障。

该保护方案当互感器（TV 或 TA）二次断线（TA，TV 同时断线）时，保护不会误动，不需发电机机端专用 TV，消除了因专用 TV 一次侧中性点与发电机中性点间连接电缆发生接地故障的隐患。

3. 发电机纵向零序过电压保护

纵向零序过电压保护，不仅作为发电机内部匝间短路的主保护，还可作为发电机内部相间短路及定子绕组开焊的保护。

（1）纵向零序过电压保护原理

发电机定子绕组发生内部短路，三相机端对中性点的电压不再平衡，因为互感器中性点与发电机中性点直接相连且不接地，所以互感器开口三角绕组输出纵向 $3U_0$，保护动作判据为

$$|3\dot{U}_0| > U_{set}$$

式中，U_{set} 为保护的整定值。

发电机正常运行时，机端不平衡基波零序电压很小，但可能有较大的三次谐波电压，为降低保护定值和提高灵敏度，保护装置中增设三次谐波阻波功能。

（2）保护方案

为保证匝间保护的动作灵敏度，纵向零序电压的动作值一般整定得较小，以防止外部短路时纵向零序不平衡电压增大造成保护误动。为此需要增设故障分量负序方向元件作为选择元件，用于判别是发电机内部短路还是外部短路。由于发电机并网前 ΔP_2 失效，因此增加发电机三相电流低判据，在并网前仅由纵向零序电压元件起保护作用。为防止暂态干扰造成误动，一般还应增加一较短延时 t（一般整定为 $50\sim100\text{ms}$）。

（3）定值整定计算及注意事项

纵向基波零序电压保护动作电压设计值可初选为 $2\sim3\text{V}$，以避开外部短路时的不平衡电压；ΔP_2 的整定同前；为取得发电机纵向零序电压，保护必须接于发电机机端专用电压互感器的二次侧，TV 的一次侧中性点与发电机中性点相连。

二、发电机定子接地故障保护

（一）定子绕组单相接地故障的特点

根据安全运行要求，发电机的外壳都是接地的，因此定子绕组因绝缘破坏而引起的单相接地故障占内部故障的比重比较大，约占定子故障的 $70\%\sim80\%$。当接地电流比较大，能在故障点引起电弧时，将使绕组的绝缘和定子铁心烧坏，并且也容易发展成相间短路，造成更大的危害。

现代发电机的定子绕组都设计为全绝缘的，定子绕组中性点不直接接地。当发电机内部单相接地时，流经接地点的电流为发电机所在电压网络（即与发电机有直接电联系的各元件）对地电容电流之总和，而故障点的零序电压将随发电机内部接地点的位置而改变。

中性点不接地时的分析方法与不接地电网基本类似，接地故障点的电压等于机端的零序电压，即

$$U_{\mathrm{K0}} = -\ \alpha \dot{E}_{\mathrm{A}} = \frac{1}{3}(\dot{U}_{\mathrm{A}} + \dot{U}_{\mathrm{B}} + \dot{U}_{\mathrm{C}})$$

式中，α 为短路点到中性点的距离，E_{A} 为 A 相绕组电势。

故障点的接地电流

$$\dot{I}_{\mathrm{K}} = -\ \mathrm{j}3\omega(C_{\mathrm{0G}} + C_{\mathrm{oL}})\alpha \dot{E}_{\mathrm{A}}$$

式中，C_{0G}、C_{0L} 分别为发电机、线路对地电容。

发生定子绕组单相接地故障的主要原因是，高速旋转的发电机，特别是大型发电机（轴向增长）的振动，造成机械损伤而接地；对于水内冷的发电机，由于漏水致使定子绕组接地。

发电机定子绕组单相接地故障时的主要危害如下：

①接地电流会产生电弧烧伤铁心，使定子绕组铁心叠片烧结在一起，造成检修困难。

②接地电流会破坏绕组绝缘，扩大事故。若一点接地而未及时发现，很有可能发展成绕组的匝间或相间短路故障，严重损伤发电机。

对大中型发电机定子绕组单相接地保护应满足以下几个基本要求。

①对绕组有 100% 的保护范围。

②在绕组匝内发生经过渡电阻接地故障时，保护应有足够的灵敏度。

（二）零序电流接地保护

我国发电机中性点接地方式主要有以下三种：不接地；经消弧线圈（欠补偿）接地；经配电变压器高阻接地。

在发电机单相接地故障时，不同的中性点接地方式，将有不同的接地电流和动态过电压以及不同的保护出口方式。发电机单相接地电流允许值应采用制造厂的规定值。

当机端单相金属性接地电容电流 I_{C} 小于允许值时，发电机中性点应不接地，单相接地保护带时限动作于信号；若 I_{C} 大于允许值，不论中性点是否接地或以何种方式接地，保护应动作于停机。

接于零序电流互感器上的发电机零序保护整定原则如下：

①躲开外部单相接地时发电机本身的电容电流，以及零序电流互感器的不平衡电流。

②保护的一次动作电流小于表中允许值。

③为防止外部相间短路产生的不平衡电流引起误动，应在相间保护动作时间将其闭锁。

④躲开外部单相接地瞬间，发电机的暂态电容电流的影响，一般增加 1~2s 的时限。否则，需按照大于暂态电容电流整定，但灵敏度降低。

当接地点在定子绕组中性点附近时，存在一定死区。

（三）零序电压接地保护

零序电压定子接地保护发电机 85%~95% 的定子绕组单相接地。零序电压取机端 TV 开口三角形，反映发电机零序电压大小。

零序电压可取自发电机机端电压互感器的开口三角形绕组或中性点电压互感器的二次侧（也可以从发电机中性点接地消弧线圈或配电变压器二次绕组获得）。零序电压保护的动作电压 U_{set}，应按躲过发电机正常运行时发电机系统产生的最大不平衡零序电压 $3U_{0,\text{ max}}$ 来整定，即

$$U_{\text{set}} \geqslant K_{\text{rel}} 3U_{0,\text{ max}}$$

影响零序电压的因素主要有以下几个。

①发电机电压系统中三相对地绝缘不一致。

②发电机端三相 TV 的一次绕组对开口三角形绕组之间的变比不一致。

③发电机的三次谐波电势在机端有三次谐波电压输出。

④主变压器高压侧发生接地故障时，由变压器高压侧通过电容耦合传递到发电机系统的零序电压。可以通过延时躲过这一电压的影响。

零序电压保护的动作电压应躲开正常运行时的不平衡电压（主要是三次谐波电压），其值为 15~30V，考虑采用滤过比高的性能良好的三次谐波滤过器后，其动作值可降至 5~10V。

零序电压保护的动作延时，应与主变压器大电流系统侧接地保护的最长动作延时相配合。保护的出口方式应根据发电机的结构、容量及发电机系统的主接线状况确定作用于跳闸或信号。

该保护的缺点是可能有死区（ $\alpha = 0.05~0.1$ 时）。若定子绕组是经过渡电阻 R_{g} 单相接地时，则死区更大，这对于大、中型发电机是不允许的，因此，在大、中型发电机上应装设三次谐波电压与之配合反应 100% 定子绕组单相接地故障。

三、发电机转子故障保护

（一）发电机转子发热保护

当电力系统发生不对称短路或在正常运行情况下三相负荷不平衡时，在发电机定子绕

组中将出现负序电流。此电流在发电机空气隙中建立的负序旋转磁场相对于转子为两倍的同步转速，因此将在转子绕组、阻尼绕组以及转子铁心等部件上感应 100Hz 的倍频电流，该电流使得转子上电流密度很大的某些部位（如转子端部、护环内表面等），可能出现局部的灼伤，甚至可能使护环受热松脱，从而导致发电机的重大事故。此外，负序气隙旋转磁场与转子电流之间，以及正序气隙旋转磁场与定子负序电流之间所产生的 100Hz 交变电磁转矩，将同时作用在转子大轴和定子机座上，从而引起 100Hz 的振动，威胁发电机安全。

机组承受负序电流的能力主要由转子表层发热情况来确定，特别是大型发电机，设计的热容量裕度较低，对承受负序电流能力的限制更为突出，必须装设与其承受负序电流能力相匹配的负序电流保护，又称为转子表层过热保护。是发电机的主保护方式之一。

此外，由于大容量机组的额定电流很大，而在相邻元件末端发生两相短路时的短路电流可能较小，此时采用复合电压启动的过电流保护往往不能满足作为相邻元件后备保护对灵敏系数的要求。在这种情况下，采用负序电流作为后备保护，就可以提高不对称短路时的灵敏性。

大型发电机要求转子表层过热保护与发电机承受负序电流的能力相适应，因此在选择负序电流保护判据时，需要首先了解由转子表层发热状况所决定的发电机承受负序电流的能力。

1. 发电机长期承受负序电流的能力

发电机正常运行时，由于输电线路和负荷不可能完全对称，因此总存在一定的负序电流。此时转子虽有发热，但如果负序电流不大，由于转子的散热效应，其温升不会超过允许值。所以发电机可以承受一定数值的负序电流长期运行。发电机长期承受负序电流的能力与发电机的结构有关，应根据具体发电机确定。在发电机制造厂没有给出允许值的情况下，汽轮发电机的长期允许负序电流为 6%~8% 的额定电流，水轮发电机的长期允许负序电流为 12% 的额定电流。

2. 发电机短时承受负序电流的能力

在异常运行或系统发生不对称故障时，负序电流将大大超过允许的持续负序电流值。发电机短时间内允许的负序电流值与电流持续时间有关。负序电流在转子中所引起的发热量，正比于负序电流的平方及所持续时间的乘积。在最严重的情况下，假设发电机转子为绝热体（即不向周围散热），则不使转子过热所允许的负序电流和时间的关系，可用下式表示：$\int_0^t i_2^2 \mathrm{d}t = I_2^2 \cdot t = A$，式中 i_2 为流经发电机的负序电流值；t 为负序电流 i_2 所持续的时间；I_2 为以发电机额定电流为基准的负序电流标幺值。

A 是与发电机型式和冷却方式有关的常数，反映发电机承受负序电流的能力。一般采用制造厂所提供的数据。发电机组容量越大，相对裕度越小，所允许的承受负序过负荷的能力下降，即 A 值越小。

A 值通常是按绝热过程设计的。当考虑转子表面有一定的散热能力时，发电机短时承受负序过电流的倍数与允许持续时间的关系式为 $t \leqslant \dfrac{A}{I_2^2 - KI_{2\infty}^2}$，式中 K 为安全系数，一般取 0.6；$I_{2\infty}$ 为发电机长期允许的负序电流标幺值。

为防止发电机转子遭受负序电流的损坏，在 100MW 及以上 $A<10$ 的发电机上，应装设能够与发电机允许负序电流和持续时间关系曲线相配合的反时限负序过电流保护。

负序反时限过电流保护的动作特性，由制造厂家提供的转子表层允许的负序过负荷能力确定。

整定计算时，负序反时限动作跳闸的特性与发电机允许的负序电流曲线相配合，通常采用动作特性在允许负电流曲线的下面，其间的距离按转子温升裕度决定，这样的配合可以保证在发电机还没有达到危险状态时就把发电机切除。

反时限保护动作特性的上限电流，按主变压器高压侧二相短路的条件计算：

$$I_{op,\ max} = \frac{I_{gn}}{(K_{sat}X_d^{''} + 2X_t)\, n_a}$$

式中，$X_d^{''}$ 为发电机的次暂态电抗（不饱和值）电抗标幺值；$K_{sat?}$ 为饱和系数，取 0.8；X_t 为主变压器电抗，取 $X_t \approx Z_t$，标幺值。

当负序电流小于上限电流时，按反时限特性动作，大于等于上限值时即为速动。

反时限动作特性的下限电流，通常由保护所能提供的最大延时决定，一般最大延时为 120~1000s，据此决定保护下限动作电流的起始值：$I_{op,\ min} = \sqrt{\dfrac{A}{1000} + I_{2\infty}^2}$。

在灵敏度和动作时限方面不必与相邻元件或线路的相间短路保护配合；保护动作于解列或程序跳闸。

（二）发电机转子接地保护

汽轮发电机通用技术条件规定：对于空冷及氢冷的汽轮发电机，励磁绕组的冷态绝缘电阻不小于1MΩ，直接水冷却的励磁绕组，其冷态绝缘电阻不小于2kΩ。水轮发电机通用技术条件规定：绕组的绝缘电阻在任何情况下都不应低于0.5MΩ。

励磁绕组及其相连的直流回路，当它发生一点绝缘损坏时（一点接地故障）并不产生严重后果；但是若继发第二点接地故障，则部分转子绕组被短路，可能烧伤转子本体，振动加剧，甚至可能发生轴系和汽轮机磁化，使机组修复困难、延长停机时间。为了大型发电机组的安全运行，无论水轮发电机或汽轮发电机，在励磁回路一点接地保护动作发出信号后，视情况报警、立即转移负荷或实现平稳停机检修。对装有两点接地保护的汽轮发电机组，在一点接地故障后继续运行时，应投入两点接地保护，后者带时限动作于停机。

1. 叠加直流式一点接地保护

转子一点接地保护反应发电机转子对大轴绝缘电阻的下降。保护采用叠加直流式一点接地保护，消除对地电容对转子一点接地保护的影响，并且保证转子上任一点对地接地的灵敏度一致，同时在不起励时也能发现转子一点接地故障。

用在励磁绕组负端和大地之间经一电流继电器 KA 叠加直流电压 U_{ad} 构成的转子一点接地保护，假设在励磁绕组中点接地。正常运行时流过继电器 KA 的电流为

$$I_{ad} = \frac{U_{ad} + \frac{1}{2}U_{fd}}{R_i + R_{ins}}$$

式中，U_{ad} 为叠加直流电压；U_{fd} 为发电机励磁电压；R_i 为继电器 KA 的内阻；R_{ins} 为励磁绕组对地等效绝缘电阻。

发电机强行励磁但励磁绕组并不接地时，流过继电器 KA 的电流为

$$I_{ad,\ max} = \frac{U_{ad} + \frac{1}{2}U_{fd,\ max}}{R_i + R_{ins}}$$

式中，$U_{fd,\ max}$ 为发电机强励时的转子电压。

由于对于空冷及氢冷汽轮发电机，要求在励磁绕组负端经过渡电阻 $R_{tr} \leqslant 20k\Omega$ 接地时继电器 KA 动作。而发电机空载运行，励磁绕组负端经过渡电阻接地条件下，流过继电器 KA 的电流 I_{ad} 为

$$I_{ad} = \frac{U_{ad}(R_{tr} + R_{ins}) + \frac{1}{2}U_{fd0}R_{tr}}{R_i R_{ins} + R_{tr}(R_{ins} + R_i)}$$

式中，U_{fdo} 为发电机空载励磁电压；R_{tr} 为接地点的过渡电阻。

因此应按空载时负端经 20Ω 过渡电阻接地时流过继电器 KA 的电流，并躲过发电机强励而励磁绕组并不接地时流过继电器 KA 的电流为条件整定，考虑可靠系数有

$$I_{op} \geqslant K_{rel}I_{ad,\ max}$$

式中，K_{rel} 为可靠系数，取 1.5。

2. 切换采样式一点接地保护

该保护要在转子绕组两端外接阻容网络（虚线框部分），电子开关 S1~S3 轮流接通和

断开，对电流 $I_1 \sim I_3$ 采样。

$$I_1 = \frac{K_1 U_1}{R_a + R_b + R_{tr}}$$

$$I_2 = \frac{K_2 U_{fd}}{2R_a + R_c}$$

$$I_3 = \frac{K_1 U_2}{R_a + R_b + R_{tr}}$$

式中，K_1、K_2 为选定的常数；故障点将励磁绕组电压 U_{fd} 分为 U_1 和 U_2。

保护的动作判据为：$I_1 + I_3 \geq I_2$，保护动作时的过渡电阻 R_{tr} 为

$$R_{tr} = \frac{K_1}{K_2}(2R_a + R_c) - (R_a + R_b)$$

R_{tr} 即为保护的灵敏度，其定值取决于正常运行时转子回路的绝缘水平。

$$K_2 = \frac{K_1(2R_a + R_c)}{R_a + R_b + R_{tr}}$$

要求在一定的 R_{tr} 时动作，就有相应的 K_2 值，所以改变 K_2 可以改变转子一点接地保护整定值 R_{set}，通常取 $R_{set} = 10\text{k}\Omega$ 以上。当 $R_{tr} < R_{set}$ 时，保护动作。

由于这种切换式转子接地保护不能发现发电机停运状态下的接地故障，且有一定死区。优点是不用外加电源容易实现，且可方便计算出接地点位置。

3. 励磁回路两点接地保护

利用转子一点接地时测得接地位置构成两点接地保护。保护一点接地动作并计算记录接地故障位置，以后若再发生转子另一点接地故障，则可测得接地位置变化量，当变化量大于定值时发电机延时跳闸。

接地位置变化动作值一般可整定为 5%~10% 发电机额定励磁电压。

动作时限按躲过瞬时两点接地故障整定，一般为 0.5~1.0s。

第二节　发电机低励失磁及其他保护

一、发电机低励失磁保护

（一）发电机失磁运行的后果

发电机失磁故障是指发电机的励磁突然全部消失或部分消失。引起失磁的原因有转子

绕组故障、励磁机故障、自动灭磁开关误跳闸、半导体励磁系统中某些元件损坏或回路发生故障以及误操作等。

当发电机完全失去励磁时，励磁电流将逐渐衰减至零。由于发电机的感应电动势随着励磁电流的减小而减小，因此，其电磁转矩也将小于原动机的转矩，因而引起转子加速，使发电机的功角 δ 增大，当 δ 超过静态稳定极限角时，发电机与系统失去同步。发电机失磁后将从电力系统中吸取感性无功功率。在发电机超过同步转速后，转子回路中将感应出频率为 $f_g - f_s$ 的电流，此电流产生异步转矩。当异步转矩与原动机转矩达到新的平衡时，即进入稳定的异步运行。

失磁对发电机和电力系统都有不良影响，在确定发电机能否允许失磁运行时，应考虑这些影响。

第一，严重的无功功率缺额造成系统电压下降。发电机失磁后，不但不能向系统输送无功功率，反而从系统吸收无功功率，造成系统无功功率严重缺额。部分额外系统电压会显著下降，电压的下降，不仅影响失磁机组厂用电的安全运行，还可能引起其他发电机的过电流。更严重的是电压下降，降低了其他机组的功率极限，可能破坏系统的稳定，因电压崩溃造成系统瓦解。

第二，对失磁机组的影响。发电机失磁时，使定子电流增大，引起定子绕组温度升高；失磁运行是发电机进相运行的极端情况，而进相运行将使机端漏磁增加，故会使端部铁心、构件因损耗增加而发热，温度升高；由于失磁运行，在转子本体中感应出差频交流电流而产生损耗发热，在某些部位，如槽楔与齿壁之间、环护与本体的搭接处，损耗可能引起转子的局部过热；由于转子的电磁不对称产生的脉动转矩将引起机组和基础的振动。

第三，发电机失磁后，由送出无功功率变为吸收无功功率，且滑差越大，发电机的等效电抗越小，吸收无功电流越大，导致失磁发电机的定子绕组过电流。

第四，转子出现转差后，转子表面将感应出滑差频率电流，造成转子局部过热，对大型发电机威胁最大。

第五，异步运行时，转矩发生周期性变化，使定转子及其基础不断受到异常的机械力矩的冲击，机组振动加剧，影响发电机的安全运行。

（二）发电机失磁保护的综合解决方案

不同电力系统无功功率储备和机组类型不同，有的发电机允许失磁运行，有的则不允许失磁运行，因此，处理的方式也不同。

对于汽轮发电机，如 100MW 汽轮机组，经大量失磁运行试验表明，发电机失磁后在 30s 内若将发电机的有功功率减至额定值的 50%，可继续运行 15min；若将有功功率减至额定值的 40%，可继续运行 30min。但对无功功率储备不足的电力系统，考虑电力系统的电压水平和系统稳定，不允许某些容量的汽轮发电机失磁运行。

对于调相机和水轮发电机，无论系统无功功率储备如何，均不允许失磁运行。因调相机本身就是无功电源，失去励磁就失去了无功调节的作用。而水轮发电机其转子为凸极转子，失磁后，转子上感应的电流很小，产生的异步转矩小，故输出有功功率也小，失磁运行无多大实际意义。

1. 静稳边界阻抗判据

根据前面对发电机失磁后机端测量阻抗变化的分析，利用临近失步阻抗特点组成的静稳边界阻抗判据是一个与阻抗扇形圆相匹配的发电机静稳边界圆。采用 0° 接线方式（ U_{ab}，I_{ab}），发电机失磁失步时，机端测量阻抗由图中第一象限进入第四象限。静稳阻抗判据条件满足后（ Z_G 落在动作区），经延时 t_2（1~1.5s）发出失磁信或压出力，经长延时 t_3（1~5s）动作于跳闸。

2. 异步边界阻抗动作判据

发电机发生低励、失磁故障后总是先通过静稳边界，然后转入异步运行，进而稳态异步运行。失磁保护的阻抗继电器将位于平面的第三、第四象限，没有第一、第二象限的动作区。该判据的优点是，在系统振荡状况下，若两侧电动势相等，则此动作判据的失磁保护不会误动。阻抗特性圆圆心在 $-jX$ 轴上，与静稳边界阻抗扇形圆均相切于 $-X_d$。显然其动作区比静稳边界阻抗扇形圆要小。

3. 静稳极限励磁电压 $U_\mu(P)$ 判据

该判据是利用励磁电压与负荷功率间的关系来判断是否出现低励、失磁，其优点是整定值随发电机有功功率的增大而增大，可灵敏地反映发电机在各种负荷状态下的失磁故障及导致失步的失磁初始阶段，判据可快速动作发出预告并使发电机减载。在通常工况下，该判据比静稳边界阻抗判据大约提前 Is 可预测失磁失步，有显著提高机组压低出力的效果。动作方程为

$$U_\mu \le K_{set}(P - P_t)$$

式中，P_t 表示发电机凸极功率（异步功率）（W），$P_t = \dfrac{U_S^2(X_d - X_q)}{2(X_d + X_S)(X_q + X_S)}$，P 表示发电机有功功率（W）；$U_\mu$ 表示发电机励磁电压（V）；K_{set} 表示整定系数（1/A）。

$$K_{set} = \frac{P_N}{P_N - P_t} \times \frac{C_e X_{G\Sigma} U_{\mu0}}{U_S E_{G0}}$$

式中，$C_e = \dfrac{\cos 2\delta_N}{\sin^3 \delta_N}$ 为修正系数，δ_N 为发电机额定功率静稳极限角，可离线计算得到；P_N

为发电机额定功率；$X_{G\Sigma} = X_G + X_T + X_S$，是归算到机端电压的欧姆值（$\Omega$）；$U_{\mu 0}$ 表示发电机空载励磁电压（V）；E_{G0} 表示发电机空载电势（V）。

4. 机端电压判据

利用发电机端测量电压构成的判据，其动作方程为

$$U_G \geqslant U_{G,\text{set}}$$

式中，$U_{G,\text{set}}$ 为发电机机端电压整定值，一般可取（1.15~1.25）U_{GN}。机端电压判据作为强行减磁时闭锁 $U_\mu(P)$ 及闭锁"定励磁低电压判据"的辅助判据，或作为系统振荡时防止静稳阻抗判据误动而设置。当机端电压高于整定值时，闭锁以上判据。因为励磁系统不正常的发电机，其机端电压不会过高，故此判据不会误闭锁。该判据采用保持特性的时间元件，保持时间一般取 2~6s。

5. 失磁保护方案的选择

充分考虑发电机失磁故障对机组本身和系统造成的影响，根据机组在系统中作用和地位以及系统结构，合理选择失磁保护动作判据以构成失磁保护装置或系统。

（1）低励失磁保护方案一

该方案主要应用于汽轮发电机。若水轮发电机失磁后也希望先切换励磁，切换失败再跳闸，则也可应用此方案。

静稳极限励磁电压 $U_\mu(P)$ 判据和静稳阻抗判据均检测静稳边界，可预测发电机是否因失磁而失去稳定。失磁信号（或切换励磁、或减出力）由励磁电压判据经延时 t_1 产生。机端电压判据可防止在强行减励磁或系统振荡时 $U_\mu(P)$ 判据误动。发生低励磁失磁故障，使 $U_\mu(P)$ 判据及静稳阻抗判据同时满足，若此时系统电压低于定值，则经较短时限 t_2 发出跳闸指令。对于多台发电机系统若单台机发生低励失磁，不能使系统电压降低时，经较长时限 t_3 跳闸。

（2）低励失磁保护方案二

该方案以机端视在阻抗反应低励失磁故障，不需引入转子电压（无刷励磁的发电机）。根据失磁过程中机端阻抗的变化轨迹，采用阻抗原理的保护作为发电机励磁回路的部分低励和完全失磁，同时还增加了 $U_\mu(P)$ 判据以提高可靠性。为防止非低励失磁工况下的误动作，静稳阻抗只取图中实线内的区域。静稳阻抗圆动作后，经较长时间 t_1（0.5~2s）动作于信号、压出力或切换励磁。

异步阻抗圆动作后，如果此时是单机与系统并联运行，系统无功储备又不足，将会严重危害系统的电压安全，系统电压下降，故此时需引入系统三相同时低电压判据，异步阻抗 Z_2 和三相同时低电压经"与"逻辑后，经短延时 t_3（0.1~0.5s）动作停机。若多机运行，系统无功储备丰富，对系统电压的影响不大，电压下降不多时，阻抗 Z_2 动作经较长

延时如（1~120s）出口停机。$U_\mu(P)$ 判据，经延时 t_4 快速动作于跳闸。

（3）整定原则

静稳阻抗按发电机机端到无穷大系统间的等值系统电抗 X_s 和 X_d 整定，静稳阻抗动作延时一般为 0.5~2s。

异步阻抗按发电机的参数 $X_d/2$ 和 X_d 整定，异步阻抗动作延时一般为 0.5~1.5s。系统三相低电压整定按（0.85-0.9）U_N 取值。长延时一般为 5~60s。

二、发电机的其他保护

（一）逆功率保护

发电机逆功率保护指的是汽轮发电机因某种原因主气门关闭时，汽轮机处于无蒸汽状态运行，此时发电机变为电动机带动汽轮机转子旋转，汽轮机转子叶片的高速旋转会引起风磨损耗，特别在尾端的叶片可能引起过热，造成汽轮机转子叶片的损坏事故。汽轮机处于无蒸汽状态运行时，电功率由发电机送出有功变为送入有功，即为逆功率。利用功率倒向可以构成逆功率保护，所以逆功率保护的功能是作为汽轮机无蒸汽运行的保护。

200MW 及以上发电机逆功率运行时，在 P-Q 平面上，设反向有功功率的最小值为 $P_{min}=OA$。逆功率继电器的动作特性用一条平行于横轴的直线 1 表示。其动作判据为

$$P \leqslant -P_{op}$$

式中，P 为发电机有功功率，输出有功功率为正，输入有功功率为负；P_{op} 为逆功率继电器的动作功率。

①动作功率 P_{op} 的计算公式为

$$P_{op} = K_{rel}(P_1 + P_2)$$

式中，K_{rel} 为可靠系数，取 0.5~0.8；P_1 为汽轮机在逆功率运行时的最小损耗，一般取额定功率的 2%~4%；P_2 为发电机在逆功率运行时的最小损耗，一般取 $P_2 \approx (1-\eta)P_{GN}$。其中：$\eta$ 为发电机效率；一般取 98.6%~98.7%（分别对应 300MW 及 600MW 机组）；P_G 为发电机额定功率。

②动作时限。经主气门触点时，延时 1.0~1.5s 动作于解列。不经主气门触点时，延时 15s 动作于信号。

根据汽轮机允许的逆功率运行时间，可动作于解列，一般取 1~3min。

在过负荷、过励磁、失磁等异常运行方式下，用于程序跳闸的逆功率继电器作为闭锁元件，其定值一般整定为（1%~3%）P_{GN}。

对于燃气轮机、柴油发电机也有装设逆功率保护的需要，目的在于防止未燃尽物质有

爆炸和着火的危险。这些发电机组在做电动机状态运行时所需逆功率大小，粗略地按铭牌（kW）值的百分比估计为：燃气轮机 50%，柴油机 25%。

（二）低频累加、突加电压和启停机保护

1. 低频累加

300MW 及以上的汽轮机，运行中允许其频率变化的范围为 48.5～50.5Hz。低于48.5Hz 或高于 50.5Hz 时，累计允许运行时间和每次允许的持续运行时间国内尚无正式的统一规定，应综合考虑发电机组和电力系统的要求，并根据制造厂家提供的技术参数确定。

大型汽轮发电机组对电力系统频率偏离值有严格的要求，在电力系统发生事故期间，系统频率必须限制在允许的范围内，以免损坏机组（主要是汽轮机叶片）。

2. 突加电压保护

突加电压保护作为发电机盘车状态下的主断路器误合闸时的保护。在盘车过程中，由于出口断路器误合闸，系统三相工频电压突然加在机端，使同步发电机处于异步启动工况，由系统向发电机定子绕组倒送大电流。同时，将在转子中产生差频电流。所以，保护由低频元件和三相过流元件组成。发电机盘车时误合闸，低频元件动作，瞬时动作延时返回的时间元件立即启动，如果这时定子电流 I 大于最小误合闸整定电流，保护则动作，跳开发电机主断路器。

低频元件启动频率一般可选取 40～45Hz；返回延时 t 一般可取为 0.3～0.5s；电流动作值应大于或等于盘车状态下误合闸最小电流的 50%。

3. 起停机保护

起停机保护可作为发电机升速升励磁尚未并网前的定子接地短路保护。

保护原理：零序电压取自发电机中性点侧 $3U_0$，并经断器辅助触点控制。发电机并网前，断路器触点将保护投入，并网运行后保护自动退出。

零序电压动作值一般可取为 100V 及其以下；延时 t 一般可取为 2～5s。

对发电机来讲除以上所介绍的保护外，还有如非全相保护，零序方向、零序电压，TV 和 TA 断线保护，电压平衡保护，过流保护，非电量保护等可选配。因篇幅有限，不再列举。

第三节　发变组保护特点

一、发变组纵差保护及发电机电压侧接地保护的特点

当公共差动保护采用不完全接线（厂用高压变压器、励磁变压器不接入差动回路），公共差动保护的动作电流应躲过高压厂用变压器或励磁变压器低压侧短路时流过差动保护的最大短路电流整定，即

$$I_{op} = K_{rel}I_{k, \, max}/n_a$$

式中，K_{rel} 为可靠系数，取 1.3；$I_{k, \, max}$ 为高压厂用变压器（或励磁变压器）低压侧短路时，流过差动保护的最大电流；n_a 为电流互感器变比。

采用完全差动接线的发电机-变压器组公共差动保护，一种做法是将高压厂用变压器低压侧接入公共差动回路，这样可省去厂用变压器高压侧大变比电流互感器，同时也扩大了差动保护的保护范围，使高压厂用变压器的速动保护也实现了双重化。另一种做法是将高压厂用变压器高压侧加装的电流互感器二次接入公共差动回路。当升压变压器高压侧为 3/2 断路器接线时公共差动保护要求有 4 或 5 侧制动。

励磁变压器是一整流变压器，在装设差动保护时考虑到一次侧有较大的谐波分量，采用谐波制动原理的差动保护时应特别注意内部短路时的灵敏性。

发电机变压器组的接地故障后备保护包括升压变压器高压侧接地保护，发电机电压回路接地保护和高压厂用变压器低压侧接地保护。

高压厂用变压器低压侧的接地保护方式与厂用变压器低压侧中性点接地方式有关。当中性点经中阻抗接地时，厂用变压器低压侧应装二段式零序过电流保护，一段跳厂用变压器低压侧断路器，二段动作于全停。

二、发变组阻抗保护及过激磁保护

（一）发变组阻抗保护

该保护作为发变组的后备保护。当电流、电压保护不能满足灵敏度要求，或者根据网络保护间配合的要求，发电机和变压器的相间故障后备保护可采用阻抗保护。低阻抗保护通常用于 330~500kV 大型升压及降压变压器和发电机变压器组，作为变压器引线、母线及相邻线路相间故障的后备保护，可实现偏移阻抗、全阻抗或方向阻抗特性。低阻抗启动

值可按需要配置若干段，每段可配不同的时限。

1. 保护原理

与线路距离保护的原理相同。低阻抗保护采用同名相电压、电流构成三相全相阻抗保护，即 U_{AB} 和 I_{AB}、U_{BC} 和 I_{BC}、U_{CA} 和 I_{CA} 分别组成 3 个阻抗保护，当 A，B，C 三相电流中任一相电流大于启动电流整定值时，开放阻抗保护，为防止 TV 断线时误动作，增设 TV 断线闭锁判据。本阻抗保护可不设振荡闭锁判据，用延时判据解决可能出现的振荡误动问题。

其判据说明如下。

①启动电流判据：满足条件 $I_A > I_{set}$ 或 $I_B > I_{set}$ 或 $I_C > I_{set}$ 时，开放阻抗保护，I_{set} 为启动电流整定值。

②TV 断线判据：满足下列两条件中的任一条件，判为 TV 二次回路断线。

$$|U_A + U_B + U_C - 3U_0| \geq U_{set}$$

或三相电压均低于 8V，且

$$0.06I_n < I_a < I_{set}$$

式中，U_{set} 为电压门槛；I_{set} 为阻抗保护启动整定电流。

$|U_A + U_B + U_C - 3U_0| \geq U_{set}$ 可判别 TV 单相或两相断线，而第二条低压判据可判 TV 三相失压。

2. 定值整定计算

①装于机端的全阻抗继电器，按高压母线短路有一定灵敏度整定，并与相关出线路距离保护配合，其动作值为

$$Z_{op} \leq K_{rel}(Z_T + K_b Z_1)$$

式中，K_{rel} 为可靠系数，取 0.8；K_b 为助增系数（分支系数），取各种运行方式下的最小值；Z_T 为变压器阻抗；Z_1 为高压侧出线中最短线路距离保护第 I 段的动作阻抗。

②保护装于主变高压侧时，主要用作母线差动保护的后备，并用以消除高压侧部分的保护死区，采用全阻抗继电器，与相关出线距离保护 I 段配合。

$$Z_{op} \leq K_{rel} K_b Z_1$$

式中，各符号的意义及取值同前。

③保护一般设两段时限，第 I 段与相邻元件主保护配合，动作于母线解列；第 II 段动作于解列灭磁。

④启动电流一般可整定为 $(1.05 \sim 1.2)I_n$。

在整定计算时应分析阻抗继电器在系统发生振荡时的动作行为，计算此时继电器的最大动作时间，用延时避开系统振荡。

（二）发变组过激磁保护

1. 过激磁原因及其保护特点

在运行中，大型发电机和变压器都可能因以下各种原因发生过激磁现象：

①发变组与系统并列之前，由于操作错误，误加大励磁电流引起过激磁。

②发电机启动过程中，发电机解列减速，若误将电压升至额定值，则会因发电机和变压器低频运行而造成过激磁。

③切除发电机过程中，发电机解列减速，若灭磁开关拒动，则发变组遭受低频而引起过激磁。

④发变组出口断路器跳闸后，若自动励磁调节装置退出或失灵，则电压与频率均会升高，但因频率升高较慢而引起发变组过激磁。

⑤运行中，当系统过电压及频率降低时也会发生过激磁。

过激磁将使发电机和变压器的温度升高，若过激磁倍数高，持续时间长，可能使发电机和变压器过热而遭受破坏。现代大型变压器额定工作磁密 $B_N = 1.7 \sim 1.8T$，饱和磁密 $B_s = 1.9 \sim 2.0T$，两者很接近，容易出现过激磁。发电机的允许过激磁倍数一般低于变压器的过激磁倍数，更易遭受过激磁的危害（但也有例外，应按厂家提供的具体参数选择允许过激磁倍数低者整定动作值）。

2. 反时限过激磁保护

根据电磁感应定律，变压器的电压表达式为

$$U = 4.44fWBS$$

对于给定的变压器，绕组匝数 W 和铁心截面 S 都是常数，因此变压器工作磁密 B 可表示为

$$B = K\frac{U}{f}$$

式中，$K = 1/ (4.44WS)$。

对于发电机，亦可导出类似的关系。这个关系说明当电压 U 升高和频率 f 降低时，均会导致激磁磁密升高。通过测量电压 U 和频率 f 再根据 $B = K\dfrac{U}{f}$，就能确定激磁状况，用过激磁倍数 N 来表示，其表达式为

$$N = \frac{B}{B_N} = \frac{U/f}{U_N/f_N} = \frac{U^*}{f^*}$$

式中，下角 N 表示额定值；上角"＊"表示标幺值。

在发生过激磁后，发电机与变压器并不会立即损坏，有一个热积累过程。对于某一过激磁倍数 N，均有对应的允许运行时间 t。研究表明，过激磁倍数与允许运行时间之间的关系 $N = f(t)$ 为一反时限特性曲线。过激磁保护应按此反时限特性设计。在发生过激磁时先动作于减励磁，并根据过激磁倍数在超过允许运行时间后解列灭磁，保护发电机与变压器组的安全。

过激磁保护的动作特性 $N = f(t)$，包括下限定时限、上限定时限和反时限特性三部分。

过激磁倍数 N 有两个定值：N_a 和 N_c（$N_a < N_c$），当 $N > N_c$ 时，按上限整定时间 t_c 延时动作；当 $N_a < N < N_c$ 时，按反时限特性动作；若 N 刚大于 N_a，不足以使反时限部分动作时，按下限整定时间 t_a 延时动作。

三、发变组振荡失步保护

发变组振荡失步的危害：振荡中心若在机端，机端电压周期性波动，破坏厂用辅机系统的稳定性；振荡电流幅值大且反复出现，使定子绕组遭受热损伤或因振动遭受机械损伤；转子大轴上存在周期性的扭矩，可能使大轴严重损伤；也会在转子绕组中引起感应电流，引起转子绕组发热；可能导致电力系统解列甚至崩溃事故。对各种原理的失步保护要求如下。

①正确区分系统短路与振荡；正确判定失步振荡与稳定振荡（同步摇摆）。

②失步保护应只在失步振荡情况下动作。失步保护动作后，一般只发信号，由系统调度部门根据当时实际情况采取解列、快关、电气制动等技术措施，只有在振荡中心位于发变组内部或失步振荡持续时间过长、对发电机安全构成威胁时，才作用于跳闸，而且应在两侧电动势相位差小于 90° 的条件下使断路器跳开，以免断路器的断开容量过大。

第五章 电力系统调度自动化

第一节 调度自动化系统的功能组成与信息传输

一、调度的主要任务及结构体系

（一）电力系统调度的主要任务

电力系统调度的基本任务是控制整个电力系统的运行方式，使之无论在正常情况或事故情况下，都能符合安全、经济及高质量供电的要求。具体任务主要有以下几点。

1. 保证供电的质量优良

为保证用户得到优质电能，系统的运行方式应该合理，此外还需要对系统的发电机组、线路及其他设备的检修计划做出合理的安排。在有水电厂的系统中，还应考虑枯水期与旺水期的差别，但这方面的任务接近于管理职能，它的工作周期较长，一般不算作调度自动化计算机的实时功能。

2. 保证系统运行的经济性

电力系统运行的经济性当然与电力系统的设计有很大关系，因为电厂厂址的选择与布局、燃料的种类与运输途径、输电线路的长度与电压等级等都是设计阶段的任务，而这些都是与系统运行的经济性有关的问题。对于一个已经投入运行的系统，其发、供电的经济性就取决于系统的调度方案了。一般来说，大机组比小机组效率高，新机组比旧机组效率高，高压输电比低压输电经济。但调度时首先要考虑系统的全局，要保证必要的安全水平，所以要合理安排备用容量的分布，确定主要机组的出力范围等。由于电力系统的负荷是经常变动的，发送的功率也必须随之变动。因此，电力系统的经济调度是一项实时性很强的工作，在使用了调度自动化系统以后，这项任务大部分已依靠计算机来完成了。

3. 保证较高的安全水平——选用具有足够的承受事故冲击能力的运行方式

电力系统发生事故既有外因，也有内因。外因是自然环境、雷雨、风暴、鸟栖等自然"灾害"，内因则是设备的内部隐患与人员的操作运行水平欠佳。一般来说，完全由于误操作和过低的检修质量而产生的事故也是有的，但事故多半是由外因引起，通过内部的薄弱环节而暴发。世界各国的运行经验证明，事故是难免的，但是一个系统承受事故冲击的能力却与调度水平密切相关。事故发生的时间、地点都是无法事先断言的，要衡量系统承受事故冲击的能力，无论在设计工作中，还是在运行调度中都是采用预想事故的方法。即对于一个正在运行的系统，必须根据规定预想几个事故，然后进行分析、计算，若事故后果严重，就应选择其他的运行方式，以减轻可能发生的后果，或使事故只对系统的局部范围产生影响，而系统的主要部分却可免遭破坏。这就提高了整个系统承受事故冲击的能力，亦即提高了系统的安全水平。由于系统的数据与信息的数量很大，负荷又经常变动，要对系统进行预想事故的实时分析，也只在计算机应用于调度工作后才有了实现的可能。

4. 保证提供强有力的事故处理措施

事故发生后，面对受到严重损伤或遭到了破坏的电力系统，调度人员的任务是及时采取强有力的事故处理措施，调度整个系统，使对用户的供电能够尽快地恢复，把事故造成的损失减少到最小，把一些设备超限运行的危险性及早排除。对电力系统中只造成局部停电的小事故，或某些设备的过限运行，调度人员一般可以从容处理。大事故则往往造成频率下降、系统振荡甚至系统稳定破坏，系统被解列成几部分，造成大面积停电，此时要求调度人员必须采用强有力的措施使系统尽快恢复正常运行。

从目前情况来看，调度计算机还没有正式涉及事故处理方面的功能，仍是自动按频率减负荷、自动重合闸、自动解列、自动制动、自动快关汽门、自动加大直流输电负载等，由当地直接控制、不由调度进行启动的一些"常规"自动装置，在事故处理方面发挥着强有力的作用。在恢复正常运行方面，还主要靠人工处理，计算机只能提供一些事故后的实时信息，加快恢复正常运行的过程。由此可见，实现电力系统调度自动化的任务仍是十分艰巨的。

（二）电力系统调度的分层体系

电力系统调度控制可分为集中调度控制和分层调度控制。集中调度控制就是电力系统内所有发电厂和变电站的信息都集中到一个中央调度控制中心，由中央调度中心统一来完成整个电力系统调度控制的任务。在电力工业发展的初期阶段，集中调度控制曾经发挥了它的重要作用。但是随着电力系统规模的不断扩大，集中调度控制暴露出了许多不足，如运行不经济、技术难度大及可靠性不高等，这种调度机制已不能够满足现代电力系统的发展需要。

为了解决集中调度控制的缺点和不足，现代大型电力系统普遍采用了分层调度控制。分层结构将电力系统调度中心分为主调度中心（master control central，MCC），区域调度中心（regional control central，RCC），地区调度中心（district control center，DCC），分层调度控制将整个电力系统的监控任务分配给属于不同层次的调度中心，较低级别的调度中心负责采集实时数据并控制当地设备，只有涉及全网性的信息才向上一级调度中心传送；上级调度中心做出的决策以控制命令的形式下发给下级调度中心。与集中调度控制相比，主要有以下几方面的优点：①易于保证自动化系统的可靠性；②可灵活地适应系统的扩大和变更；③可提高投资效率；④能更好地适应现代技术水平的发展；⑤便于协调调度控制；⑥改善系统响应。

根据我国电力系统的实际情况和电力工业体制，电网调度指挥系统分为国家级总调度（简称国调）、大区级调度（简称网调）、省级调度（简称省调）、地区级调度（简称地调）和县级调度（简称县调）五级，形成了五级调度分工协调进行指挥控制的电力系统运行体制。

1. 国家级调度

国家级调度通过计算机数据通信网与各大区电网控制中心相连，协调、确定大区电网间的联络线潮流和运行方式，监视、统计和分析全国电网运行情况。

其主要任务包括：①在线收集各大区电网和有关省网的信息，监视大区电网的重要监测点工况及全国电网运行概况，并做统计分析和生产报表；②进行大区互连系统的潮流、稳定、短路电流及经济运行计算，通过计算机数据通信校核计算结果的正确性，并向下传达；③处理有关信息，做中期、长期安全经济运行分析。

2. 大区级调度

大区级调度按统一调度分级管理的原则，负责跨省大电网的超高压线路的安全运行并按规定的发用电计划及监控原则进行管理，提高电能质量和运行水平。

其具体任务包括：①实现电网的数据收集和监控、调度以及有实用效益的安全分析；②进行负荷预测，制订开停机计划和水火电经济调度的日分配计划，闭环或开环地指导自动发电控制；③省（市）间和有关大区电网的供受电量计划编制和分析；④进行潮流、稳定、短路电流及离线或在线的经济运行分析计算，通过计算机数据通信校核各种分析计算的正确性并上报、下传；⑤进行大区电网继电保护定值计算及其调整试验；⑥大区电网中系统性事故的处理；⑦大区电网系统性的检修计划安排；⑧统计、报表及其他业务。

3. 省级调度

省级调度按统一调度、分级管理的原则，负责省内电网的安全运行并按照规定的发电计划及监控原则进行管理，提高电能质量和运行水平。

其具体任务包括：①实现电网的数据收集和监控、经济调度以及有实用效益的安全分析；②进行负荷预测，制订开停机计划和水火电经济调度的日分配计划，闭环或开环地指导自动发电控制；③地区间和有关省网的供受电量计划的编制和分析；④进行潮流、稳定、短路电流及离线或在线的经济运行分析计算，通过计算机数据通信校核各种分析计算的正确性并上报、下传。

4. 地区调度

其具体任务包括：①实现所辖地区的安全监控；②实施所辖有关站点（直接站点和集控站点）的开关远方操作、变压器分接头调节、电力电容器投切等；③所辖地区的用电负荷管理及负荷控制。

5. 县级调度

县级调度主要监控 110kV 及以下农村电网的运行，其主要任务有以下几点：①指挥系统的运行和倒闸操作；②充分发挥本系统的发供电设备能力，保证系统的安全运行和对用户连续供电；③合理安排运行方式，在保证电能质量的前提下，使本系统在最佳方式下运行。

电力系统的分层（多级）调度虽然与行政隶属关系的结构相类似，但却是由电能生产过程的内部特点所决定的。一般来说，高压网络传送的功率大，影响着该系统的全局。如果高压网络发生了事故，有关的低压网络肯定会受到很大的影响，致使正常的供电过程遇到障碍；反过来则不一样，如果故障只发生在低压网络，高压网络则受影响较小，不致影响系统的全局。这就是分级调度较为合理的技术原因。从网络结构上看，低压网络，特别是城市供电网络，往往线路繁多，构图复杂，而高压网络则线路反而少些；但是调度电力系统却总是对高压网络运行状态的分析与控制倍加注意，对其运行数据与信息的收集与处理、运行方式的分析与监视等都做得十分严谨。

随着电网的规模不断扩大，当主干系统发生事故时，无论系统本身的状况、事故的后果以及预防事故的措施，都会变得很复杂。如果万一对系统事故后的处理不当，其影响的范围将是非常广泛的。

为保证供电的可靠性，对全部系统设备采用一定的冗余设计，这虽然是一种有效的方法，但存在着经济方面的问题。因此，迄今防止事故蔓延的主要方法仍是借助继电保护装置进行保护，以及从系统调度自动化方面采取一些措施。其基本原则是，为了防止事故蔓延，不单是依靠继电保护装置，而是平时就要对事故有相应的准备，一旦发生事故，则可尽快实现系统工作的恢复。

二、调度自动化系统的功能组成

（一）电力系统调度自动化系统的功能概述

从自动控制理论的角度看，电力系统属于复杂系统，又称大系统，而且是大面积分布的复杂系统。复杂系统的控制问题之一是要寻求对全系统的最优解，所以电力系统运行的经济性是指对全系统进行统一控制后的经济运行。此外，安全水平是电力系统调度的首要问题，对一些会使整个系统受到严重危害的局部故障，必须从调度方案的角度进行预防、处理，从而确定当时的运行方式。由此可见，电力系统是必须进行统一调度的。但是，现代电力系统的一个特点是分布十分辽阔，大者达千余公里，小的也有百多公里；对象多而分散，在其周围千余公里内，布满了发电厂与变电所，输电线路形成网络。要对这样复杂而辽阔的系统进行统一调度，就不能平等地对待它的每一个装置或对象。

测量读值与运行状态信号这类信息一般由下层往上层传送，而控制信息是由调度中心发出，控制所管辖范围内电厂、变电所内的设备。这类控制信息大都是全系统运行的安全水平与经济性所必需的。

由此可见，在电力系统调度自动化的控制系统中，调度中心计算机必须具有两个功能：其一是与所属电厂及省级调度等进行测量读值、状态信息及控制信号的远距离、高可靠性的双向交换；另一是本身应具有的协调功能。调度自动化的系统按其功能的不同，分为数据采集和监控（SCADA）系统和能量管理系统（energy management system，EMS）。

国家调度的调度自动化系统为 EMS，其中的 SCADA 子系统完成对广阔地区所属的厂、网进行实时数据的采集、监视和控制功能，以形成调度中心对全系统运行状态的实时监控功能；同时又向执行协调功能的子系统提供数据，形成数据库，必要时还可人工输入有关资料，以利于计算与分析，形成协调功能。协调后的控制信息，再经由 SCADA 系统发送至有关网、厂，形成对具体设备的协调控制。

（二）SCADA/EMS 系统的子系统划分

1. 支撑平台子系统

支撑平台是整个系统最重要的基础，有一个好的支撑平台，才能真正地实现全系统统一平台，数据共享。支撑平台子系统包括数据库管理、网络管理、图形管理、报表管理、系统运行管理等。

2. SCADA 子系统

具体包括数据采集、数据传输及处理、计算与控制、人机界面及告警处理等。

3. 高级应用软件（power application software，PAS）子系统

包括网络建模、网络拓扑、状态估计、在线潮流、静态安全分析、无功优化、故障分析及短期负荷预报等一系列高级应用软件。

4. 调度员仿真培训（dispatcher training simulator，DTS）系统

包括电网仿真、SCADA/EMS 系统仿真和教员控制机三部分。调度员仿真培训（DTS）与实时 SCADA/EMS 系统共处于一个局域网上。DTS 本身由 2 台工作站组成，一台充当电网仿真和教员机，另一台用来仿真 SCADA/EMS 和兼作学员机。

5. AGC/EDC 子系统

自动发电控制和在线经济调度（AGC/EDC，automatic generation control/economic dispatch control）是对发电机出力的闭环自动控制系统，不仅能够保证系统频率合格，还能保证系统间联络线的功率符合合同规定范围，同时，还能使全系统发电成本最低。

6. 调度管理信息系统（dispatching management information system，DMIS）

调度管理信息系统属于办公自动化的一种业务管理系统，一般并不属于 SCADA/EMS 系统的范围。它与具体电力公司的生产过程、工作方式、管理模式有非常密切的联系，因此总是与某一特定的电力公司合作开发，为其服务。当然，其中的设计思路和实现手段应当是共同的。

三、调度自动化信息的传输

（一）电力系统远动简介

远动系统是指对广阔地区的生产过程进行监视和控制的系统，它包括对必需的过程信息的采集、处理、传输和显示、执行等全部的设备与功能。构成远动系统的设备包括厂站端远动装置、调度端远动装置和远动信道。

按习惯称呼的调度中心和厂站，在远动术语中称为主站和子站。主站也称控制站，它是对子站实现远程监控的站；子站也称受控站，它是受主站监视的或受主站监视且控制的站。计算机技术进入远动技术之后，安装在主站和子站的远动装置分别被称为前置机和远动终端装置（remote terminal unit，RTU）。

前置机是缓冲和处理输入或输出数据的处理机。它接收 RTU 送来的实时远动信息，经译码后还原出被测量的实际大小值和被监视对象的实际状态，显示在调度室的显示器上和调度模拟屏上，也可以按要求打印输出。这些信息还要向主计算机传送。另外，调度员通过键盘或鼠标操作，可以向前置机输入遥控命令和遥调命令，前置机按规约组装出遥控信息字和遥调信息字向 RTU 传送。

RTU 对各种电量变送器送来的 0~5V 直流电压分时完成 A/D 转换，得到与被测量对应的二进制数值；并由脉冲采集电路对脉冲输入进行计数，得到与脉冲量对应的计数值；还把状态量的输入状态转换成逻辑电平"0"或"1"。再将上述各种数字信息按规约编码成遥测信息字和遥信信息字，向前置机传送。RTU 还可以接收前置机送来的遥控信息字和遥调信息字，经译码后还原出遥控对象号和控制状态，遥调对象号和设定值，经返送校核正确后（对遥控）输出执行。

前置机和 RTU 在接收对方信息时，必须保证与对方同步工作，因此收发信息双方都有同步措施。

远动系统中的前置机和 RTU 是 1 对 N 的配置方式，即主站的一套前置机要监视和控制 N 个子站的 N 台 RTU，因此前置机必须有通信控制功能。为了减少前置机的软件开销，简化数据处理程序，RTU 应统一按照部颁远动规约设计。同时为了保证远动系统工作的可靠性，前置机应为双机配置。

远动系统是调度自动化系统的重要组成部分，它是实现调度自动化的基础。

（二）远动信息的内容和传输模式

远动信息包括遥测信息、遥信信息、遥控信息和遥调信息。

遥测信息和遥信信息从发电厂、变电所向调度中心传送，也可以从下级调度中心向上级调度中心转发，通常称它们为上行信息。遥控信息和遥调信息从调度中心向发电厂、变电所传送，也可以从上级调度中心通过下级调度中心传送，称它们为下行信息。

遥测信息传送发电厂、变电所的各种运行参数，它分为电量和非电量两类。电量包括母线电压、系统频率、流过电力设备（发电机、变压器）及输电线的有功功率、无功功率和电流。非电量包括发电机机内温度以及水电厂的水库水位等。这些量都是随时间做连续变化的模拟量。对电流、电压和功率量，通常利用互感器和变送器把要测量的交流强电信号变成 0~5V 或 0~10mA 的直流信号后送入远动装置。也可以把实测的交流信号变换成幅值较小的交流信号后，由远动装置直接对其进行交流采样。电能量的测量采用脉冲输入方式，由计数器对脉冲计数实现测量，或把脉冲作为特殊的遥信信息用软件计数实现测量。对于非电量，只能借助其他传感设备（如温度传感器、水位传感器），将它转换成规定范围内的直流信号或数字量后送入远动装置，后者称为外接数字量。

遥信信息包括发电厂、变电所中断路器和隔离开关的合闸或分闸状态，主要设备的保护继电器动作状态，自动装置的动作状态，以及一些运行状态信号，如厂站设备事故总信号、发电机组开或停的状态信号、远动及通信设备的运行状态信号等。遥信信息所涉及的对象只有两种状态，因此用一位二进制的"0"或"1"便可以表示出一个遥信对象的两种不同状态。遥信信息通常由运行设备的辅助接点提供。

遥控信息传送改变运行设备状态的命令，如发电机组的启停命令、断路器的分合命令、并联电容器和电抗器的投切命令等。电力系统对遥控信息的可靠性要求很高，为了提高控制的正确性，防止误动作，在遥控命令下达后，必须进行返送校核。当返送命令校核无误之后，才能发出执行命令。

遥调信息传送改变运行设备参数的命令，如改变发电机有功出力和励磁电流的设定值，改变变压器分接头的位置等。这些信息通常由调度员人工操作发出命令，也可以自动启动发出命令，即所谓的闭环控制。例如为了保持系统频率在规定范围内，并维持联络线上的电能交换，调节发电机出力的自动发电控制（AGC）功能，就是闭环控制的例子。在下行信息中，还可以传送系统对时钟功能中的设置时钟命令、召唤时钟命令、设置时钟校正值命令，以及对厂站端远动装置的复归命令、广播命令等。

远动信息的传输可以采用循环传输模式或问答传输模式。

在循环数字传输模式（cyclic data transmission，CDT）中，厂站端将要发送的远动信息按规约的规定组成各种帧，再编排帧的顺序，一帧一帧地循环向调度端传送。信息的传送是周期性的、周而复始的，发端不顾及收端的需要，也不要求收端给以回答。这种传输模式对信道质量的要求较低，因而任何一个被干扰的信息可望在下一循环中得到它的正确值。

问答传输模式也称 polling 方式。在这种传输模式中，若调度端要得到厂站端的监视信息，必须由调度端主动向厂站端发送查询命令报文。查询命令是要求一个或多个厂站传输信息的命令。查询命令不同，报文中的类型标志取不同值，报文的字节数一般也不一样。厂站端按调度端的查询要求发送回答报文。用这种方式，可以做到调度端询问什么，厂站端就回答什么，即按需传送。由于它是有问才答，要保证调度端发问后能收到正确的回答，对信道质量的要求较高，且必须保证有上下行信道。

（三）远动通信系统

1. 数字通信系统模型

电力系统远动通信系统采用数字通信系统，数字通信系统模型包含信息源、信源编码、信道编码、调制、信道、解调、信道译码、信源译码、受信者。

信息源即电网中的各种信息源，如电压 U、电流 I、有功功率 P、频率 f、电能脉冲量等，经过有关器件处理后转换成易于计算机接口元件处理的电平或其他量。另外还有各种指令、开关信号等也属于信源。

信源编码是把各种信源转换成易于数字传输的数字信号，例如 A/D 转换器的输出等。然后对这些数字信号以及信息源输出 s 中原有的信号进行编码，得到一串离散的数字信息。

信道编码作用是为了保护所传送的信息内容，按照一定的规则，在信息序列 m 中添加一些冗余码元，将信息序列变成较原来更长的二进制序列 c，提高了信息序列的抗干扰能力，也提高了数字信号的传输的可靠性。

调制的作用是将数字序列表示的码字 c，变换成适合于在信道中传输的信号形式，送入信道。信道编码器输出的信号都是二进制的脉冲序列，即基带数字信号。这种信号传输距离较近，在长距离传输时往往因电平干扰和衰减而发生失真。为了增加传输距离，将基带信号进行调制传送，这样即可减弱干扰信号。

信道是信号远距离传输的载体，如专用电缆、架空线、光纤电缆、微波空间等。

解调是调制的逆过程，其作用是把从信道接收到的信号还原成数字序列。解调后的输出称为接收码字，记作 R。

信道译码是编码的逆过程，除去保护码元，获得并估计与发送侧的二进制数字序列 c 对应的接收码字 c^*。再从 c^* 中还原并估计出与信息序列 m 对应的 m^*

信源译码器是变接收信息序列 m^* 为信源输出 s 的对应估值 s^*，并送给受信者予以显示或打印等。

受信者也叫信宿，是信息的接收地或接收人员能观察的设备。如电网调度自动化系统中的模拟屏、显示器等，均为信宿。

2. 远动信息的编码

远动信息在传输前，必须按有关规约的规定，把远动信息变换成各种信息字或各种报文。这种变换工作通常称作远动信息的编码，编码工作由远动装置完成。

采用循环传输模式时，远动信息的编码要遵守循环传输规约的规定。我国原电力部颁发的循环式传输规约的信息字格式。按规约规定，由远动信息产生的任何信息字都由 48 位二进制数构成，即所有的信息字位数相同。其中前 8 位是功能码，它有 2^8 种不同取值，用来区分代表不同信息内容的各种信息字，可以把它看作信息字的代号。最后 8 位是校验码，采用循环冗余检验（cyclic redundancy check，CRC）校验。

校验码的生成规则是：在信息字的前 40 位（功能码和信息码）后面添加 8 个零，再模二除以生成多项式 $g(x) = x^8 + x^2 + x + 1$，将所得余式取非之后，作为 8 位校验码。校验码是信息字中用于检错和纠错的部分，它的作用是提高信息字在传输过程中抗干扰的能力。信息字用来表示信息内容，它可以是遥测信息中模拟量对应的 A/D 转换值、电能量的脉冲计数值、系统频率值对应的 BCD 码等，也可以是遥信对象的状态，还可以是遥控信息中控制对象的合/分状态及开关序号或者是遥调信息的调整对象号及设定值……信息内容究竟属于哪一种值，可根据功能码的取值范围进行区分。

报文头通常有 3~4 个字节，它指出进行问答的双方中 RTU 的地址（报文中识别其来源或目的地的部分），报文所属的类型，报文中数据区的字节数。数据区表示报文要传送的信息内容，它的字节数和字节中各位的含义随报文类型的不同而不同，且数据区的字节数是多少，由报文头中有关字节指出。校验码按照规约给定的某种编码规则，用报文头的数据区的字节运算得到。它可以是一个字节的奇偶校验码，也可以是一个或两个字节的

CRC 校验码。问答式传输规约的报文格式与循环式传输规约的信息字格式比较，最明显的差别是，问答式传输规约中，不同类型的报文，报文的总字节数不同，即报文的长度不同，且报文长度的变化总是按字节增减，即 8 位及其倍数地增加或减少。

3. 数字信号的调制与解调

数字信号在电路上的表达为一系列高低电平脉冲序列（方波），称为"基带数字信号"。这种波形所包含的谐波成分很多，占用的频带很宽。而电话线等传输线路是为传送语言等模拟信号而设计的，频带较窄，直接在这种线路上传输基带数字信号，距离很短尚可，距离长了波形就会发生很大畸变，使接收端不能正确判读，从而造成通信失败。

为此，引入了调制解调器这样一种设备。先把基带数字信号用调制器转换成携带其信息的模拟信号（某种正弦波），在长途传输线上传输的是这种模拟信号。到了接收端，再用解调器将其携带的数字信息解调出来，恢复成原来的基带数字信号。

正弦波是最适宜于在模拟线路上长途传输的波形，通常采用高频正弦波作为载波信号。这时载波信号可以表示为

$$u(t) = U_m \cos(\omega t + \varphi)$$

作为正弦波特征值的是振幅、频率和初相位。

4. 常用远动信道

我国常用的远动信道有专用有线信道、复用电力线载波信道、微波信道、光纤信道、无线电信道等。信道质量的好坏直接影响信号传输的可靠性。

采用专用有线信道时，由远动装置产生的远动信号，以直流电的幅值、极性或交流电的频率在架空明线或专用电缆中传送。这种信道常用作近距离传输。

电力线载波信道是电力系统中应用较广泛的信道形式。当远动信号与载波电话复用电力线载波信道时，通常规定载波电话占用 0.3~2.3kHz（或 0.3~2.0kHz）音频段，远动信号占用 2.7~3.4kHz（或 2.4~3.4kHz）的上音频段。由远动装置产生的用二进制数字序列表示的远动信号，经调制器转换成上音频段内的数字调制信号后，进入电力载波机完成频率搬移，再经电力线传输。收端载波机将接收到的信号复原为上音频信号，再由解调器还原出用二进制数字序列表示的远动信号。由于电力线载波信道直接利用电力线作信道，覆盖各个电厂和变电所等电业部门，不另外增加线路投资，且结构坚固，所以得到广泛应用。

微波信道是用频率为 300MHz~300GHz 的无线电波传输信号。由于微波是直线传播，传输距离一般为 30~50km，所以在远距离传输时，要设立中继站。微波信道的优点是频带宽，传输稳定，方向性强，保密性好。它在电力系统中的应用呈上升趋势。

光导纤维传输信号的工作频率高，光纤信道具有信道容量大，衰减小，不受外界电磁

场干扰，误码率低等优点，它是性能比较好的一种信道。

无线电信道由发射机、发射天线、自由空间、接收天线和接收机组成。在无线电信道中，信号以电磁波在自由空间中传输。因为它利用自由空间传输，不需要架设通信线路，因而可以节约大量金属材料并减少维护人员的工作量。这种信道在地方电力系统中应用较多。

除上述几种信道外，卫星通信也在电力系统中得到应用。

第二节　电力系统状态估计

一、电力系统状态估计的必要性

电力系统的状态由电力系统的运行结构和运行参数来表征。电力系统的运行结构是指在某一时间断面电力系统的运行接线方式。电力系统的运行结构有一个特点，即它几乎完全是由人工按计划决定的。但是，当电力系统的运行结构发生了非计划改变（如因故障跳开断路器）时，如果远动的遥信没有正确反映，就会出现调度计算中电力系统运行接线与实际情况不相符的问题。

电力系统的运行参数（包括各节点电压的幅值、注入节点的有功和无功功率、线路的有功和无功功率等）可以由远动系统送到调度中心来。这些参数随着电力系统负荷的变化而不断地变化，称为实时数据。SCADA 系统收集了全网的实时数据，汇成 SCADA 数据库。

二、电力系统状态估计的作用

电力系统状态估计程序（按硬件的说法成为状态观测器或滤波器）的主要功能是：

①根据量测量的精度（加权）和基尔霍夫定律（网络方程）按最佳估计准则（一般为最小二乘准则）对生数据进行计算，得到最接近于系统真实状态的最佳估计值。所以通过状态估计可以提高数据精度。

②对生数据进行不良数据的检测与辨识，删除或改正不良数据，提高数据系统的可靠性。

③推算出完整而精确的电力系统的各种电气量。例如根据周围相邻的变电站的量测量推算出某一没有安装远动装置的变电站的各种电气量。或者根据现有类型的量测量推算另一些难以量测的电气量，例如根据有功功率量测值推算各节点电压的相角。

④根据遥测量估计电网的实际开关状态，纠正偶然出现的错误的开关状态信息，以保证数据库中电网结线方式的正确性。状态估计的这种功能称之为网络结线辨识或开关状态辨识。

⑤可以应用状态估计算法以现有的数据预测未来的趋势和可能出现的状态（电力系统负荷预测和水库来水预测）。这些预测的数据丰富了数据库的内容，为安全分析与运行计划等程序提供必要的计算条件。

⑥如果把某些可疑或未知的参数作为状态量处理时，也可以用状态估计的方法估计出这些参数的值。例如带负荷自动改变分接头位置的变压器，如果分接头位置信号没有传送到中调时，可以作为参数把它估计出来。当然根据运行资料估计某些网络参数，以纠正离线和在线计算中这些参数的较大误差也不是非常困难的事情。状态估计的这种用法称为参数估计。

⑦通过状态估计程序的离线模拟试验，可以确定电力系统合理的数据收集与传送系统。即确定合适的测点数量及其合理分布，用以改进现有的远动系统或规划未来的远动系统，使软件与硬件联合以发挥更大的效益，既能保证数据的质量而又降低整个数据量测——传送——处理系统的投资。

三、状态估计的基本原理

（一）测量的冗余度

状态估计算法必须建立在实时测量系统有较大冗余度的基础之上。

对那些不随时间而变化的量，为消除测量数据的误差，常用的方法就是多次重复测量。测量的次数越多，它们的平均值就越接近真值。

但在电力系统中不能采用上述方法，因为电力系统运行参数属于时变参数，消除或减少时变参数测量误差必须利用一次采样得到的一组有多余的测量值。这里的关键是"多余"，多余得越多，估计得越准，但是会造成在测点及通道上投资越多，所以要适可而止。一般要求是

测量系统的冗余度=系统独立测量数/系统状态变量数=（1.5~3.0）

电力系统的状态变量是指表征电力系统特征所需最小数目的变量，一般取各节点电压幅值及其相位角为状态变量。若有 N 个节点，则有 $2N$ 个状态变量。由于可以设某一节点电压相位角为零，所以对一个电力系统，其未知的状态变量数为 $2N-1$。

（二）状态估计的数学模型

状态估计的数学模型是基于反映网络结构、线路参数、状态变量和实时测量值之间相

互关系的方程。测量值包括线路功率、线路电流、节点功率、节点电流和节点电压等，状态量包括节点电压幅值和相角。

状态估计的数学模型为

$$z = hx + v$$

式中，z 为测量值列向量，维数为 m，x 为状态向量，若节点数为 k，则 x 的维数为 $2k$，即每个节点有电压幅值和相角；h 为所用仪表的量程比例为常数，其数目与测量值向量一致，m 维；v 为测量误差，m 维。

求解状态向量 $\hat{x}$ 时，大多使用极大似然估计，即求解的状态向量 $\hat{x}$ 使测量向量 z 被观测到的可能性最大。一般使用加权最小二乘法准则来求解，并假设测量向量服从正态分布。测量向量 z 给定以后，状态估计向量 $\hat{x}$ 是使测量值加权残差平方和达到最小的 x 值，即

$$J(\hat{x}) = \min \sum_{i=1}^{k} W (z - \hat{z})^2 = \min \sum_{i=1}^{k} W (z - h_i \hat{x})^2$$

式中：W 为 m×m 维正定对称阵，其对角元素为测量值的加权因子。

（三）状态估计的加权最小二乘法

状态估计可选用的数学算法有最小二乘法、快速分解法、正交化法和混合法等。目前在电力系统中用得较多的是加权最小二乘法。

当目标函数 J 有最小值时，对 $J(\hat{x})$ 的目标函数求导并令其等于 0，可得

$$\frac{\partial J(\hat{x})}{\partial x} = \frac{\partial}{\partial x} (z - Hx)^\mathrm{T} W (z - Hx) = 2H^\mathrm{T} W (z - H\hat{x}) = 0$$

即

$$H^\mathrm{T} W H \hat{x} = H^\mathrm{T} W z$$

$H^\mathrm{T} W H \hat{x} = H^\mathrm{T} W z$ 称为正则方程。当 $H^\mathrm{T} W H$ 为非奇异（满秩）时，有

$$\hat{x}_{\mathrm{WLS}} = (H^\mathrm{T} W H)^{-1} H^\mathrm{T} W z$$

这时的 x_{WLS} 简称加权最小二乘估计值，对应求得的状态变量值即为最佳估计值。若取 $W = I$，则 $\hat{x}_{\mathrm{WLS}} = \hat{x}_{\mathrm{LS}}$，所以最小二乘法是加权最小二乘法的一种特例。

如果再考虑到各测量设备精度的不同，可令目标函数中对应测量精度较高的测量值乘以较高的"权值"，以使其对估计的结果发挥较大的影响；相反，对应测量精度较低的测

量值，则乘以较低的"权值"，使其对估计的结果影响小一些。

状态变量一般取各母线电压幅值和相位角，测量值选取母线注入功率、支路功率和母线电压数值。测量不足之处可使用预报和计划型的"伪测量"，同时将其权重设置得较小以降低对状态估计结果的影响。另外，无源母线上的零注入测量和零阻抗支路上的零电压测量，也可以为伪测量值。这样的测量值完全可靠，可取较大的权重。

四、状态估计的步骤

（一）确定先验数学模型

在假定没有结构误差、参数误差和不良数据的条件下，根据已有经验和定理，如基尔霍夫定律等，建立各测量值与状态量间的数学方程。

（二）状态估计计算

根据所选定的数学方法，计算出使"残差"最小的状态变量估计值。所谓残差，就是各量测值与计算的相应估计值之差。

（三）校验

检查是否有不良测量值混入或有结构错误信息。如果没有，此次状态估计即告完成；如果有，转入下一步。

（四）辨识

这是确定具体的不良数据或网络结构错误信息的过程。在除去或修正已识别出来的不良数据和结构错误后，重新进行第二次状态估计计算，这样反复迭代估计，直至没有不良数据或结构错误为止。

不良数据的检测与识别是很重要的，否则状态估计将无法投入在线实际应用。当有不良数据出现时，必然会使目标函数 J 大大偏离正常值，这种现象可以用来发现不良数据。为此可把状态估计值代入目标函数中，求出目标函数的值，如果大于某一门槛值，即可认为存在不良数据。

发现存在不良数据后要寻找不良数据。对于单个不良数据的情况，一个最简单的方法就是逐个试探。例如把第一个测量值去掉，重新估计，若正好这个测量值是不良数据，去掉后再检查 J 值时就会变为合格；若是正常数据，去掉后的 J 值肯定还是不合格，这时就把第一个测量值补回，再去掉第二个测量值。如此逐个搜索，一定会找到不良数据，但比较耗时。

五、电力系统状态估计的可观测性分析

（一）可观测性分析的必要性

电力系统网络结构和量测配置，是实现状态估计的重要条件。在电力系统状态估计中，如果远动数据丢失或者不可用，就有可能出现局部量测不足的情况，从而使系统不可观测，无法进行状态估计，所以应在状态估计之前先进行可观测性检验。若发现是不可观测的，则那些不可观测的节点就应该从状态估计的范围中剔除，或增加伪量测量来使它成为可观测的。另外，又是有时系统中会出现若干可观测的节点岛，在各个岛内进行状态估计。如果系统已经判断为可观测，则可以进一步进行量测后备重数及安全度的分析，并进而分析如何择优增加量测使得系统的安全度进一步提高。

（二）可观测性分析的一般方法

在可观测性检验中，最早的方法是拓扑法。它是把量测量形成一个观测的生成树，然后用搜索的方法来检测生成树所张的范围，以确定可观测的范围。这一方法已经在运行中得到应用。另一种方法，即所谓的数值法或者称为信息矩阵三角分解法。如果信息矩阵能成功的被分解，其对角元不出现零，则系统是观测的。但是当对角出现一个很小的数值时，有时很难判断是真的零元素还是舍入误差的影响。若系统斯不可观测的，则需要在零对角元处加入伪量测。以此方法来确定补充测点及可观测岛的范围是非常简单方便的。数值可观测性分析方法已经扩展到 Hacthel、法方程、正交变换和带等式约束等算法的估计器。数值可观测性分析方法又可分为拓扑模式和数值模式，拓扑模式的数值可观测性分析方法在形成 H 或 G 阵时，只考虑网络和量测配置的拓扑结构，所有网络线路参数都用相同的数值，一般是取 0.5~1.5 的一个随机数。数值模式的数值可观测性分析方法用实际的网络线路参数形成或 G 阵，估计计算可直接用数值模式的三角分解的结果，而对拓扑模式，要重新对 H 或 G 阵进行三角分解。

进行可观测性分析的另一重要目的就是恢复不可观测网络的可观测性，通过增加关键伪量测使网络可观测，并且要使估计结果受伪量测的不良影响最小。

（三）非唯一可观测性问题

非唯一可观测是指给定量测集，状态估计能得到多个解。在有支路电流幅值量测时，存在非唯一可观测的可能性比较大。对线路电流量测处理的办法有：①不用线路电流量测扩展可观测网络，将其作为电压和功率量测的补充。②不用功率量测，完全用电压和电流量测，引入有关发电出力和节点负荷的不等式约束。对有大量电流量测的网络，如配电网络，用方法①是不妥当的。实际系统很难有全部的线路电流量测，或某些电流量测故障，会有多解问题，用不等式约束的方法不能保证得到唯一解。若可能存在多解则应采取措施消除多解。因此，有电流量测时的网络可观性分析和检侧多解的存在性要十分注意。

（四） 外部网络模型和内部不可观测部分的处理

为提高内部网络状态估计的精度，有必要了解外部网络的实时信息，或将内

部网络状态估计延伸到邻近的外部网络，这就涉及外部网络模型。另外有时内部网络亦存在不可观测部分。外部网络模型有以下几类：①不降阶潮流（Unreduced LoadFlow，缩写为 ULF）模型，外部系统的所有参数、网络拓扑、负荷和发电计划及其它设备都要考虑，能得到非常精确的外部系统模型，但增加了问题的维数和计算时间。②外部网络等值，用 Wrd 或 REI 等值模型得到，优点是易维护和在线运行速度快；缺点是难以真实反映外部系统变化对内部网络的影响。③上述两种模型的结合。对联络线潮流，继而对内部系统有显著影响的那部分外部系统，称为缓冲系统，缓冲系统用 ULF 模型表示；外层外部网络对内部网络有一定影响，用等值模型表示。忽略那些与内部网络电气距离远，对内部网络影响很小或没有影响的那部分外部网络。这种方式应用比较多。

一般外部网络是不可观测的，有时内部网络也存在不可观测部分。求解不一可观非降阶外部网络和内部网络不可观测区域状态的方法有：

1. 基于潮流的方法

首先对内部可观测部分进行状态估计，然后采用可观部分与所有不可观部分边界节点的电压幅值和相位角的估计结果和不可观区域的伪量测，计算不可观部分的潮流。边界节点接纳了不可观部分的所有错误。在内部网络有多个可观测岛时，问题变得比较复杂。

2. 一次状态估计的方法

对内部系统和外部系统统一进行一次状态估计，计算简单，但要克服不可观测网络中大量伪量测对内部可观网络估计结果的影响。

3. 二次状态估计的方法

首先对内部网络可观测区域进行状态估计；其次求解不可观网络的状态，根据发电和负荷计划产生节点注入功率和电压幅值（类似于伪量测），将其与可观测网络的边界节点作为松驰节点计算不可观网络的潮流；最后进行全系统的状态估计，对不可观网络的数据进行调整，使之与内部可观网络匹配，此次状态估计的数据来源是，可观测网络用第一次状态估计得到的节点电压幅值和支路潮流，边界节点用计划的注入功率（伪量测），不可观网络用潮流计算得到的支路潮流及远动数据。

第三节　电力系统安全分析与安全控制

一、电力系统的运行状态与安全控制

电力系统的安全控制与电力系统的运行状态是相关的。电力系统的运行状态可以用一组包含电力系统状态变量（如各节点的电压幅值和相位角）、运行参数（如各节点的注入有功功率）和结构参数（网络连接和元件参数）的微分方程组描述。方程组要满足有功功率和无功功率必须平衡的等式约束条件，以及系统正常运行时某些参数（母线电压、发电机出力和线路潮流等）必须在安全允许的限值以内的不等约束条件。电力系统的运行状态一般可划分为四种：①正常运行状态；②警戒状态；③紧急状态；④恢复状态。

电力系统在运行中始终把安全作为最重要的目标，就是要避免发生事故，保证电力系统能以质量合格的电能充分地对用户连续供电。在电力系统中，干扰和事故是不可避免的，不存在一个绝对安全的电力系统。重要的是要尽量减少发生事故的概率，在出现事故以后，依靠电力系统本身的能力、继电保护和自动装置的作用和运行人员的正确控制操作，使事故得到及时处理，尽量减少事故的范围及所带来的损失和影响。通常把电力系统本身的抗干扰能力、继电保护、自动装置的作用和调度运行人员的正确控制操作，称为电力系统安全运行的三道防线。

因此，电力系统安全性主要包括两个方面的内容：①电力系统突然发生扰动时不间断地向用户提供电力和电量的能力。②电力系统的整体性，即电力系统维持联合运行的能力。

电力系统安全控制的主要任务包括：对各种设备运行状态的连续监视；对能够导致事故发生的参数越限等异常情况及时报警并进行相应调整控制；发生事故时进行快速检测和有效隔离，以及事故时的紧急状态控制和事故后恢复控制等。其可以分为以下几个层次：

（一）安全监视

安全监视是对电力系统的实时运行参数（频率、电压和功率潮流等）以及断路器、隔离开关等的状态进行监视。当出现参数越限和开关变位时即进行报警，由运行人员进行适当的调整和操作。安全监视是 SCADA 系统的主要功能。

（二）安全分析

安全分析包括静态安全分析和动态安全分析。静态安全分析只考虑假想事故后稳定运行状态的安全性，不考虑当前的运行状态向事故后稳态运行状态的动态转移。动态安全分析则是对事故动态过程的分析，着眼于系统在假想事故中有无失去稳定的危险。

（三）安全控制

安全控制是为保证电力系统安全运行所进行的调节、校正和控制。

二、静态安全分析

一个正常运行的电网常常存在许多的危险因素。要使调度运行人员预先清楚地了解到这些危险并非易事，可以应用的有效工具就是在线静态安全分析程序。通过静态安全分析，可以发现当前是否处于警戒状态。

（一）预想故障分析

预想故障分析是对一组可能发生的假想故障进行在线的计算分析，校核这些故障后电力系统稳定运行方式的安全性，判断出各种故障对电力系统安全运行的危害程度。

预想故障分析可分为三部分：故障定义、故障筛选和故障分析。

1. 故障定义

通过故障定义可以建立预想故障的集合。一个运行中的电力系统，假想其中任意一个主要元件损坏或任意一台开关跳闸都是一次故障。预想故障集合主要包括以下各种开断故障：①单一线路开断；②两条以上线路同时开断；③变电所回路开断；④发电机回路开断；⑤负荷出线开断；⑥上述各种情况的组合。

2. 故障筛选

预想故障数量可能比较多，应当把这些故障按其对电网的危害程度进行筛选和排队，然后再由计算机按此队列逐个进行快速仿真潮流计算。

首先需要选定一个系统性能指标（如全网各支路运行值与其额定值之比的加权平方和）作为衡量故障严重程度的尺度。当在某种预想故障条件下系统性能指标超过了预先设定的门槛值时，该故障即应保留，否则即可舍弃。计算出来的系统指标数值可作为排队依据。这样处理后就得到了一张以最严重的故障开头的为数不多的预想故障顺序表。

3. 故障分析（快速潮流计算）

故障分析是对预想故障集合里的故障进行快速仿真潮流计算，以确定故障后的系统潮流分布及其危害程度。仿真计算时依据的网络模型，除了假定的开断元件外，其他部分则与当前运行系统完全相同。各节点的注入功率采用经过状态估计处理的当前值（也可用由负荷预测程序提供的 $15\sim30\text{min}$ 后的预测值）。每次计算的结果用预先确定的安全约束条件进行校核，如果某一故障使约束条件不能满足，则向运行人员发出报警（即宣布进入警戒状态）并显示出分析结果，也可以提供一些可行的校正措施，例如重新分配各发电机组出力、对负荷进行适当控制等，供调度人员选择实施，消除安全隐患。

　　2. 快速潮流计算方法

　　仿真计算所采用的算法有直流潮流法、P-Q 分解法和等值网络法等。相关算法请查阅电力系统分析等课程的相关内容。

　　安全分析的重点是系统中较为薄弱的负荷中心。而远离负荷中心的局部网络在安全分析中所起的作用较小，因此在安全分析中可以把系统分为两部分：待研究系统和外部系统。待研究系统就是指感兴趣的区域，也就是要求详细计算模拟的电网部分。而外部系统则指不需要详细计算的部分。安全分析时要保留"待研究系统"的网络结构，而将"外部系统"化简为少量的节点和支路。实践经验表明，外部系统的节点数和线路数远多于待研究系统，所以等值网络法可以大大降低安全分析中导纳矩阵的阶数和状态变量的维数，从而使计算过程大为简化。

三、动态安全分析

　　稳定性事故是涉及电力系统全局的重大事故。正常运行中的电力系统是否会因为一个突然发生的事故而导致失去稳定，这个问题是十分重要的。校核假想事故后电力系统是否能保持稳定运行的离线稳定计算，一般采用数值积分法，逐时段地求解描述电力系统运行状态的微分方程组，得到动态过程中各状态变量随时间变化的规律，并以此来判别电力系统的稳定性。这种方法计算工作量很大，无法满足实施预防性控制的实时性要求。因此要寻找一种快速的稳定性判别方法。

（一）模式识别法

　　模式识别法是建立在对电力系统各种运行方式的假想事故离线模拟计算的基础上的，需要事先对各种不同运行方式和故障种类进行稳定计算。然后选取少数几个表征电力系统运行的状态变量（一般是节点电压和相角），构成稳定判别式。稳定分析时，将在线实测的运行参数代入稳定判别式，根据判别式的结果来判断系统是否稳定。

　　模式识别法是一个快速的判别电力系统安全性的方法，只要将特征量代入判别式就可以得出结果。所以这个判别式本身必须可靠。误差率很大的判别式没有实用价值。判别式的建立，不是靠理论推导，而是通过大量"样本"统计分析、计算后归纳整理出来的。如何使这样归纳整理出来的判别式尽量逼近客观存在的分界面，在研究生课程统计学习理论中有详细的理论分析。

（二）扩展等面积法

扩展等面积法（extended equd-area criteron，EEAC）是一种暂态稳定快速定量计算方法，已开发出商品软件，并已应用于国内外电力系统的多项工程实践中。

该方法分为静态 EEAC、动态 EEAC 和集成 EEAC 三个部分（步骤），构成一个有机集成体。利用 EEAC 理论，发现了许多与常规控制理念不相符合的"负控制效应"现象。例如，切除失稳的部分机组、动态制动、单相开断、自动重合闸、快关汽门、切负荷、快速励磁等经典控制手段，在一定条件下，却会使系统更加趋于不稳定。

静态 EEAC 采用"在线预算，实时匹配"的控制策略。整个系统分为在线预决策子系统和实时匹配控制子系统两大部分。前者根据电网当前的运行工况，定期刷新后者的决策表，后者根据该表实施控制。实时匹配控制子系统安装在电力系统中有关的发电厂和变电所，监测系统的运行状态，判断本厂、所出线、主变压器、母线的故障状态。它在系统发生故障时，根据判断出的故障类型，迅速从存放在装置内的决策表中查找控制措施，并通过执行装置进行切机、快关、切负荷、解列等稳定控制。在线预决策子系统根据电力系统当前运行工况，搜索最优稳定控制策略。这类方案的精髓是一个快速、强壮的在线定量分析方法和相应的灵敏度分析方法。对这些方法的速度要求，比对离线分析方案的要求高得多，但比对实时计算的要求低很多，完全在 EEAC 的技术能力之内。

四、正常运行状态（包括警戒状态）的安全控制

为了保证电力系统正常运行的安全性，首先在编制运行方式时就要进行安全校核；其次，在实际运行中，要对电力系统进行不间断的严密监视，对电力系统的运行参数如频率、电压和线路潮流等不断地进行调整，始终保持尽可能的最佳状态；同时，还要对可能发生的假想事故进行后果模拟分析；当确认当前属警戒状态时，可对运行中的电力系统进行预防性的安全校正。

编制运行方式是各级调度中心的一项重要工作内容。运行方式编制得是否合理直接影响系统运行的经济性和安全性。运行方式的编制是根据预测的负荷曲线做出的。对运行方式进行安全校核，就是用计算机根据负荷、气象、检修等运行条件的变化，并假定一系列事故条件，对未来某时刻的运行方式进行安全校核计算。

正常运行时，对电力系统进行监控由调度自动化系统的 SCADA 系统完成。SCADA 系统监控不断变化着的电力系统运行状态，如发电机出力、母线电压、线路潮流、系统频率和系统间交换功率等，当参数越限时发出警报，使调度人员能迅速判明情况，及时采取必要的调控措施来消除越限现象。此外，自动发电控制（AGO 和自动电压控制（automatic voltage control，AVC)，也是正常运行时安全监控的重要方面。

对可能发生的假想事故进行分析，由电网调度自动化系统中的安全分析模块完成。电网调度自动化系统可以定时地（例如 5min）或按调度人员随时要求启动该模块，也可以在电网结构有变化（即运行方式改变）或某些参数越限时自动启动安全分析程序，并将分析结果显示出来。根据安全分析的结果，若某种假想事故后果严重，即说明系统已进入警戒状态，可以预先采取某些防范措施对当前的运行状态进行某些调整，使在该假想事故之下也不产生严重后果。这就是进行预防性安全控制。

预防性安全控制是针对可能发生的假想事故会导致不安全状态所采取的调整控制措施。这种事故是否发生是不确定的。如果预防性控制需要较大地改变现有运行方式，对系统运行的经济性很不利（如改变机组的启停方式等），则需由调度人员根据具体情况做出决断。也可以不采取任何行动，但应当加强监视，做好各种应对预案。

综上所述可见，有了 SCADA/EMS 系统的各种监控和分析功能，电力系统运行的安全性大大提高了。

五、紧急状态时的安全控制

紧急状态时的安全控制的目的是迅速抑制事故及电力系统异常状态的发展和扩大，尽量缩小故障延续时间及其对电力系统其他非故障部分的影响。在紧急状态中的电力系统可能出现各种"险情"，例如频率大幅度下降，电压大幅度下降，线路和变压器严重过负荷，系统发生振荡和失去稳定等。如果不能迅速采取有效措施消除这些险情，系统将会崩溃瓦解，出现大面积停电的严重后果，造成巨大的经济损失。紧急状态的安全控制可分为三大阶段。第一阶段的控制目标是事故发生后快速而有选择地切除故障，这主要由继电保护装置和自动装置完成，目前最快可在一个周波内切除故障。第二阶段的控制目标是防止事故扩大和保持系统稳定，这需要采取各种提高系统稳定性的措施。第三阶段是在上述努力均无效的情况下，将电力系统在适当地点解列。

电力系统的紧急状态控制是全局控制问题，不仅需要系统调度人员正确调度、指挥，以及电厂、变电站运行人员认真监视和操作，而且需要自动装置的正确动作来配合。

六、恢复状态时的安全控制

电力系统是一个十分复杂的系统，每次重大事故之后的崩溃状态不同，因此恢复状态的控制操作必须根据事故造成的具体后果进行。一般来说，恢复状态控制应包括以下几个方面。

（一）确定系统的实时状态

通过远动和通信系统了解系统解列后的状态，了解各个已解列成小系统的频率和各母线电压，了解设备完好情况和投入或断开状态、负荷切除情况等，确定系统的实时状态。这是系统恢复控制的依据。

（二）维持现有系统的正常运行

电力系统崩溃后，要加强监控，尽量维持仍旧运转的发电机组及输、变电设备的正常运行，调整有功出力、无功出力和负荷功率，使系统频率和电压恢复正常，消除各元件的过负荷状态，维持现有系统正常运行，尽可能保证向未被断开的用户供电。

（三）恢复因事故被断开的设备的运行

首先要恢复对发电厂辅助机械和调节设备的供电，恢复变电站的辅助电源。然后启动发电机组并将其并入电力系统，增加其出力；投入主干线路和有关变电设备；根据被断开负荷的重要程度和系统的实际可能，逐个恢复停电用户的供电。

（四）重新并列被解列的系统

在被解列成的小系统恢复正常（频率和电压已达到正常值，已消除各元件的过负荷）后，将它们逐个重新并列，使系统恢复正常运行，逐步恢复对全系统供电。

在恢复过程中，应尽量避免出力和负荷间的动态不平衡和线路过负荷现象的发生，应充分利用自动监视功能，监视恢复过程中各重要母线电压、线路潮流、系统频率等运行参数，以确认每一恢复步骤的正确性。

七、电力系统及其自动化技术的安全解决措施

（一）制定合理化电力系统自动化技术方案

为确保电力系统及其自动化技术得以高效展开，往往相关人员在方案制定前首先就应对系统运行展开全面分析探讨，切实加强对设计环节的管理力度，对于存在的一些不良因素做出准确结论，防止对电力系统安全运行产生任何不利影响。同时设计人员还要树立正确设计理念，根据自身实际情况有效采用分隔设计方法，并在方案制定结束后适当拓展电力系统，保证其具备良好兼容性优势，进一步发挥出自动化技术存在的优势，为电力企业创造更高经济收益。

（二）进一步完善电力系统自动化技术安全制度

新时期发展背景下，自动化技术在电力行业的应用频率也越来越高，通过安全管理制度的不断健全完善可帮助电力系统及自动化技术充分明确自身未来发展方向，实现自动化结构优化设计目的，并且对电力系统设备还可采取独立管理方式，避免设备彼此之间产生不利作用，进而最大限度提高电力系统安全可靠性能。同时为有效提高电力系统电能运行效率，工作人员还应适当加强对数据信息传输的控制约束能力，做好电力系统调节工作，确保采集得到数据信息的真实准确性，为日后各项工作开展提供可行性参考价值。

（三）针对电力系统自动化技术人员展开安全教育

电力系统飞速提升条件下，相应的对安全管理人员也提出了更高标准要求，需不断提高技术人员安全管理整体水平。而基于电力企业角度来说，为保证自身获得长期可持续发展，首先其应做好规划安排工作，针对自动化技术人员展开专业培训教育，使其安全管理能力大幅度增强，能够有效处理电力系统运行期间存在的安全问题，大大降低安全隐患出现几率，为电力系统安全运行提供良好环境保障。

八、电力系统调度自动化技术的发展与应用

电力调度自动化技术的出现，是我国电力系统的重大进步，是人们用电体验的又一次升级。在实际情况中，通过电力调度自动化技术的合理应用，不仅可以满足大规模生产用电、生活用电，还可以节约人力成本，提高我国电力部门的整体工作效率。近年来，随着大数据、人工智能等技术的不断发展，电力调度自动化技术也处于持续优化状态。尽管我国电力调度自动化技术已经取得巨大进步，但立足我国电力系统长远发展目标，电力调度自动化技术还需要注重细节、注重创新，在实践中不断改进和提升，为人们带来更优质的用电体验。1 电力调度自动化技术内涵

（一）电力调度自动化技术内涵

电力调度自动化技术指的是在电力系统中，对用电数据信息进行统一处理，对用户进行集中分析的一种技术。这里的数据信息，一般包含运行数据信息、控制数据信息、决策数据信息和分析数据信息等。目前，我国电力调度自动化技术涉及的技术类别主要有计算机技术、网络技术、大数据技术、通信技术等。随着物联网技术、人工智能技术的崛起，电力调度自动化技术还将与这些技术领域产生各种交集。可以说，电力调度自动化技术是一种"集合型"技术体系。

在实际应用中，我国电力调度自动化技术功能主要有：①系统化管理数据库信息，比如说，分析电力数据信息、整合电力数据信息、处理电力数据信息等；②及时发现电力系统故障，并对故障进行反馈、分析、控制，保证电力系统正常运行；③借助电力调度自动化技术"模拟功能"，相关工作人员可以提前模拟、提前实操，不断提升工作人员实操水平。

现阶段，我国电力调度自动化技术特点可以概括为：①集合计算机技术、通信技术、网络技术、大数据技术等多种技术类别，是一种功能强大的技术体系；②在符合国际规定的情况下，可以实现报表生成、报表打印、数据收集、语音报警、数据库管理等多项功能；③使用电力调度自动化技术的过程中，如果某台服务器出现异常，这台服务器的所有数据信息将会自动转移，备份到另一台正常的服务器，保证数据信息不遗失、不泄露、不篡改；④一旦出现突发电力系统故障，电力调度自动化技术还可以根据"权限管理模式"，进行安全判断，选择是否要切断电力系统故障，降低系统故障带来的不良影响；⑤在电力调度自动化技术体系中，调度主站具有"统筹管理权"，可以立足整体电力系统，进行合理控制、合理调度、合理监督倒，协调站内 RTU 关系，进一步保证电力系统稳定运行。总体来说，我国电力调度自动化技术具有安全性、可靠性、实用性等特点。

（二）电力系统调度自动化技术的应用

1. 硬件组成

构成电力调度自动化技术系统的模块主要有：调度员工作站、数据采集装置、历史数据读取器 SCADA 服务器。这些模块都有什么作用？在采集数据时，"调制解调器"可以将厂站端传来的信号，解调成符合标准的 RS-232 数字信号。"通讯服务器"主要负责整合数字信号，将数字信号传输到前置机，便于系统进一步分析数字信号。"切换箱"既可以执行切换功能，也可以隔离信号，在电力调度自动化技术系统中，大部分模块都可以在同一节点应用。

2. 调度自动化遥信

在多种数据采集工作模式下，电力调度自动化技术系统可以进行"网络采集""常规 RTU 采集"。目前，自动化遥信的主要方式是"双位遥信"。什么是双位遥信？简单来说，就是两个遥信点被同一个开关控制。一般情况下，两种遥信的连接方式是"常开方式"，或者"常闭方式。基于此，工作人员设置数据时，通常采取"取反标志域置0""双遥信标志域置1"。

3. 高级应用功能

（1）网络拓扑

在电力调度自动化技术系统运行中，相关工作人员可以根据"开关""刀闸"等运行情况，自动生成与之相匹配的网络模型，这种网络模型可以作为一种独立运行的数据模块。通过观察数据模块，工作人员可以了解子模块运行情况。

（2）状态估计

结合电力调度自动化技术系统运行情况，工作人员可以进行人工输入值、发电数据计划、数据预报、数据测量等操作。通过这些操作，工作人员可以科学预估发电厂机组出力、母线负荷、母线电压、变压器潮流、线路潮流等。

（3）网络建模

一方面，通过图形制导建模功能，分析用户提出的数据要求，建成"信息数据库"阿；另一方面，利用数据处理模块，工作人员可以实时采集设备信息，进行一体化维护工作，保证工作效率、质量。

（三）电力系统调度自动化技术的发展趋势

1. 更加贴近用户

从全国范围来分析，尽管我国电力系统日趋完善，但仍然存在"脱离用户"的现象。为了进一步贴近用户需求，我国电力调度自动化技术还需要注意：第一，保证大规模供电。随着人们生活方式发生变化，不仅对家庭用电有较高要求，对公共场所用电也产生新要求。在电影院、超市、医院、商场等公共场所，不能出现断电、电压不稳定等问题，不能影响人们正常的生活模式。第二，保证各个地区电压稳定。部分偏远地区、贫困山区，虽然已经全部通电，但经常出现电压不稳定现象，严重影响人们的用电体验四。如何把握好这两个方面，是电力调度自动化技术发展中的重要任务。

2. 更加数字化

进入数字化时代，我国电力调度自动化技术也在朝着"数字化"领域潜移默化地靠近。

（1）与数字化技术相结合

发展电力调度自动化技术的过程中，我国相关部门要加大技术研发，思考如何与数字化技术产生交集，实现更强大的供电功能，在控制电力成本的情况下，合理提高供电质量。

（2）重点培养数字化人才

我国电力部门要加强人才培养工作，以"数字化"为核心制定人才培养方案，满足相关工作人员学习需求。如电力系统与高校合作、电力系统产学研基地、电力系统与科技孵化中心等，这些都是培养数字化人才的有效途径，值得相关部门积极探索。

3. 更加智能化

近年来，智能化家居、智能化汽车、智能化手机等，都在深刻影响人们的生活。"智能化"是我国电力调度自动化技术另一个发展方向。

（1）引进智能化设备

为了加强电力调度自动化技术应用效果，我国相关部门要积极引进智能化设备，实现"技术+智能"电力一体化，在更短的时间内，完成更多电力部门调度工作。

（2）加强智能化研发

进入新时代，我国电力部门不仅要考虑技术、考虑用户、考虑服务、考虑管理，还要重视智能化研发。电力部门要投入必要经费，鼓励科技型企业积极开发"智能化供电设备"。电力部门要颁布智能化研发相关政策，以激励方式、表扬方式营造良好的智能化研发氛围，促使电力调度自动化技术早日与智能化深度融合。

4. 更加顺应市场

顺应市场发展，是我国电力调度自动化技术要遵循的基本发展原则。尤其在瞬息万变的市场环境中，我国电力调度自动化技术要尊重市场规律，紧跟市场趋势。

（1）关注市场动态

"国际国内电力系统发展情况""国内电力部门新政策""电力调度自动化技术创新发明"等，这些市场动态都与电力调度自动化技术紧密关联，相关工作人员要主动关注、主动学习。

（2）研究市场需求

在不同的市场环境下，企业和个人的用电需求也会不一样。结合新时代市场需求，我国电力部门要高度重视电力系统市场调研工作，走访企业、用户、科研单位等，从市场中掌握一线资料，进行电力调度自动化技术方面的合理创新与维护。

第六章　电力系统供配电自动化

第一节　配电管理系统与馈线自动化

一、配电管理系统概述

（一）能量管理系统与配电管理系统

能量管理系统（EMS）是以计算机为基础的现代电力系统的综合自动化系统，主要针对发电和输电系统，用于大区级电网和省级电网的调度中心。根据能量管理系统技术发展的配电管理系统（DMS）主要针对配电和用电系统，用于 10kV 以下的电网。实际上我国还有城市网、地区网和县级网，电压等级在 35～220kV（也有 500kV），这一级电网称为次输电网，针对电源和负荷管理情况亦可以采用 EMS 或 DMS。

在电力系统中，EMS 所面对的对象是电力系统的主干网络，针对的是高压系统，而供电和配电业务是处在电力系统的末端，它管理的是电力系统的细枝末节，针对的是低压网络。主干网络相对要集中，而供电和配电网络相对分散，配电系统和输电系统之间存在一定的差异：①配电网络多为辐射形或少环网，而输电系统为多环网。②配电设备（如分段器、重合开关和电容器等）沿线分散配置，而输电设备多集中在变电站。③配电系统远程终端数量大，每个远程终端采集量少，但总的采集量大，而输电系统相反。④配电系统中许多野外设备需要人工进行操作，而输电设备多为远程操作。⑤配电系统的非预想接线变化要多于输电系统，配电系统设备扩展频繁，检修工作量大。

在进行配电网络自动化工程中，我们可以把 EMS 的思想技术应用到配电网络的自动化工程中。配电网络的自动化工程开发时间较晚，至今尚在开发和完善的过程中。

将具有就地控制功能的馈线自动化和变电站自动化列入配电自动化（DA）。把配网控制中心的各种监视、控制和管理功能，包括配电网数据采集和监控（SCADA）、地理信息系统（GIS）、各种高级应用软件（PAS）和需方管理等，连同配电自动化（DA）一起，称为配电管理系统。

（二）配电 SCADA 的特点

配电 SCADA 系统是 DMS 基本功能的组成，同时它又是 DMS 的基本应用平台。配电

SCADA 系统在 DMS 中的地位和作用与输电 SCADA 系统在输电网 EMS 中的地位和作用是相同的。

由于配电网本身的特点以及配电网管理模式和输电网管理模式的不同，配电 SCADA 系统并不是输电 SCADA 系统的照搬。相对而言，配电 SCADA 系统比输电 SCADA 系统要复杂得多，主要体现在以下几个方面：

第一，配电 SCADA 系统的基本监控对象为变电站 10kV 出线开关及以下配电网的环网开关、分段开关、开关站、公用配电变压器和电力用户，这些监控对象除了集中在变电站的设备，还包括大量的分布在馈电线沿线的设备，例如柱上变压器、开关和刀闸等。监控对象的数据量通常要比输电系统多一个数量级，而且由于数据分散、点多面广，采集信息也要困难得多。因此，配电 SCADA 系统对数据库和通信系统的要求要比输电 SCADA 系统的要求更高，配电 SCADA 系统的组织模式也有自己的特点。

第二，配电网的操作频度和故障频度远比输电网要多，配电 SCADA 系统还要有故障隔离和自动恢复供电的能力，因此配电 SCADA 系统比输电 SCADA 系统对数据实时性的要求更高。此外，配电 SCADA 系统除了采集配电网静态运行数据外，还必须采集配电网故障发生时的瞬时动态数据，如故障发生时的短路电流和短路电压。

第三，配电 SCADA 系统需要采集瞬时动态数据并实时上传，因而配电 SCADA 系统对远动通信规约具有特殊的要求。

第四，配电网为三相不平衡网络，而输电网为三相平衡网络，为考虑这个因素，配电 SCA.DA 系统采集的信息数量和计算的复杂性要大大增加，SCADA 图形显示上也必须反映配电网三相不平衡这一特点。

第五，配电网直接面向用户，由于用户的增容、拆迁、改动等原因，使得配电 SCADA 系统的创建、维护和扩展的工作量非常巨大，因此配电 SCADA 系统对可维护性的要求也更高。

第六，DMS 集成了管理信息系统（MIS）的许多功能，对系统互连性的要求更高，配电 SCADA 系统必须具有更好的开放性。此外，配电 SCADA 系统必须和配电图资地理信息系统（AM/FM/GIS）紧密集成，这是输电 SCADA 系统不需要考虑的问题。

（三）配电 SCADA 系统的基本组织模式

配电网的 SCADA 系统是通过监测装置来收集配电网的实时数据，进行数据处理以及对配电网进行监视和控制等功能。监测装置除了变电站内的 RTU 和监测配电变压器运行状态的 TTU（配电变压器监测终端）之外，还包括沿馈线分布的 FTU（馈线终端装置），用以实现馈线自动化的远动功能。

EMS 一般采用一个厂站 RTU 占用一个通道的组织方式，而配电网的 SCADA 系统由于存在大量分散的数据采集点，一对一的组织方式就需要有大量的通信通道，在主站端也需要有与之规模相应的通信端口，这种组织方式实际上是不可能实现的，因此常将分散的户外分段开关控制集结在若干点（称作区域子站）后再上传至控制中心。若分散的点太多，还可以做多次集结，子站也可以有二级甚至多级子站，形成分层的组织模式。

（四）配电管理系统的通信方案

与输电网自动化不同，配电自动化系统要和数量很多的远方终端通信，因此多种通信方式在配电网中的混合使用就难以避免。配电自动化系统采用的通信方式有配电线载波通信、电话线、调幅（AM）调频（FM）广播、甚高频通信、特高频通信、微波通信、卫星通信、光纤通信等。这里只讨论配电自动化系统的一种典型的通信方式——光纤通信。

第一，主站与子站之间，使用单模光纤实施配电自动化的电力企业（供电局），大多在调度中心与变电站之间已经建立了单模光纤通信网络，配网自动化系统的主站与子站之间的通信可以借用这个通道，从而节省再次铺设通信线路的投资。而且，主站与子站之间的通信距离相对较远，中间又没有中继装置，而单模光纤的传输距离在 6km 以上，完全能够满足要求。

第二，子站与 FTU 之间，使用多模光纤主干通信网络采用光纤作为通信媒介，可靠性高，出现故障的可能性低。使用自愈双环网，可以保证通信网络故障时不至于导致整个网络通信的崩溃。因为子站与 FTU 之间形成的通信网络，各个通信节点的距离较短，很少超过 3km，多模光纤已经能够满足要求，不需要使用单模光纤。因此，子站与 FTU 之间可使用多模光纤，构成自愈双环网。

光收发器既有光收发功能，又有转发功能。在环网中每个 FTU 配一个这样的光收发器，并用一根单芯的光纤与相邻的 FTU 或主站相连。在单环通信结构中，一旦光纤或光收发器发生故障，整个环就失去了通信。

1. 自愈式双环光纤通信

自愈式双环光纤通信可大大提高通信的可靠性，自愈式环网由两个环网组成，即 A 环和 B 环，它们数据流的方向刚好相反。若其中一个是主环，如 A 环，B 环就是备用的。一旦其中一个光转发器故障，相邻的光转发器能测出数据流断开而自动形成两个环工作，即一个为 A 到 B 的环，另一个为 B 到 A 的环，仅将故障设备退出并通知子站。如果光纤发生故障，则故障两侧的光收发器自动构成回路而形成双环工作，不影响系统的通信，并将故障点通知子站。

2. TTU 与电量集抄系统的数据的转发

如果由 FTU 负责附近 TTU 及电量集抄系统数据的转发，可以利用有线（屏蔽双绞线）方式采用现场总线（如 RS-485，CAN 总线、Lon-Works 总线等）通信。由于 TTU 与电量集抄系统的数据实时性要求不高，通信媒介选用屏蔽双绞线已经能够满足要求。FTU 负责附近 TTU 及集抄系统的转发，仅作为数据传输的通道，不进行数据解包工作。

（五）有源配电网（ADN）的特点

未来电网的发展使越来越多的分布式能源接入配电网，因此配电网的运行方式也由传统的单电源辐射型配电网转变为有源配电网（active distribution network，ADN）。

传统的配电系统只能将电力由上级输电网送到配电终端用户，在未来的智能电网中，配电系统将会实现系统与用户之间的电力以及通信的双向交互，因此集成高级配电自动化功能的 DMS 能够推动实现信息能量的综合控制。

从 ADN 的需求出发，DMS 的要求分为以下几方面：①具有能够进行灵活通信控制的设备，为接入系统的配电设备以及终端用户提供技术支撑。②能够实现可控设备的自动化功能。③满足分布式能源的接入需求。④通过电力电子技术提高系统的综合控制水平。⑤具备配电系统快速建模以及仿真系统。

二、馈线自动化

馈线自动化（feeder automaton，FA）是配网自动化的一项重要功能。馈线自动化是指配电线路的自动化。由于变电站自动化是相对独立的一项内容，实际上在配网自动化以前馈线自动化就已经发展并完善，因此在一定意义上可以说配网自动化指的就是馈线自动化。不管是国内还是国外，在实施配网自动化时，也确实都是从馈线自动化开始的。

馈线自动化在正常状态下，实时监视馈线分段开关与联络开关的状态和馈线电流、电压情况，实现线路开关的远方或就地合闸和分闸操作。在故障时获得故障录波，并能自动判别和隔离馈线故障区段，迅速对非故障区段恢复供电。

（一）馈线终端

配电网自动化系统远方终端有：①馈线远方终端，（包括 FTU 和 DTU）；②配电变压器远方终端（transformer terminal unit，TTU）；③变电站内的远方终端（RTU）。

FTU 分为三类：户外柱上 FTU、环网柜 FTU 和开关站 FTU。DTU（数据传输单元），实际上就是开关站 FTU。三类 FTU 应用场合不同，分别安装在柱上、环网柜内和开关站。但它们的基本功能是一样的，都包括遥信、遥测和遥控以及故障电流检测等功能。

FTU/TTU 在 DMS 中的地位和作用和常规 RTU 在输电网 EMS 中的地位和作用是等同的。但是配电网远方终端并不等同于传统意义上的 RTL。一方面，配电自动化远方终端除了完成 RTU 的四遥功能外，更重要的是它还需完成故障电流检测、低频减负荷和备用电源自投等功能，有时甚至还需要提供过电流保护等原来属于继电保护的功能，因而从某种意义上讲，配电远方终端比 RTU 的智能化程度更高，实时性要求也更高，实现的难度也就更大。另一方面，传统的 RTU 往往集中安装在变电站控制室内，或分层分布地安装在变电站各开关柜上，但总的来说基本上都安装在环境相对较好的室内。而配电自动化远方终端不同，虽然它也有少量设备安装在室内（开关站 FTU），但更多的设备安装在电线杆上、马路边的环网柜内等环境非常恶劣的户外。因而对配电自动化远方终端设备的抗振、抗雷击、低功耗、耐高低温等性能要求比传统 RTU 要高得多。

（二）馈线自动化的实现方式

馈线自动化方案可分为就地控制和远方控制两种类型。前一种依靠馈线上安装的重合器和分段器自身的功能来消除瞬时性故障和隔离永久性故障，不需要和控制中心通信即可完成故障隔离和恢复供电；而后一种是由 FTU 采集到故障前后的各种信息并传输至控制中心，由分析软件分析后确定故障区域和最佳供电恢复方案，最后以遥控方式隔离故障区域，恢复正常区域供电。

就地控制方式的优点是，故障隔离和自动恢复送电由重合器自身完成，不需要主站控制，因此在故障处理时对通信系统没有要求，所以投资省、见效快。其缺点是，这种实现方式只适用于配电网络相对比较简单的系统，而且要求配电网运行方式相对固定。另外，这种实现方式对开关性能要求较高，而且多次重合对设备及系统冲击大。早期的配网自动化只是单纯地为了隔离故障并恢复非故障区供电，还没有提出配电系统自动化或配电管理自动化，就地控制方式是一种普遍的馈线自动化的实现方式。

远方控制方式由于引入了配电自动化主站系统，由计算机系统完成故障定位，因此故障定位迅速，可快速实现非故障区段的自动恢复送电，而且开关动作次数少，对配电系统的冲击也小。其缺点是，需要高质量的通信通道及计算机主站，投资较大，工程涉及面广、复杂；尤其是对通信系统要求较高，在线路故障时，要求相应的信息能及时传输到上级站，上级站发送的控制信息也能迅速传输到 FTU。

随着电子技术的发展，电子、通信设备的可靠性不断提高，计算机和通信设备的造价也会越来越低，预计将来会广泛地采用配电自动化主站系统配合遥控负荷开关、分段器，实现故障区段的定位、隔离及恢复供电，能够克服就地控制方式带来的缺点。

（三）重合器

自动重合器是一种能够检测故障电流，在给定时间内断开故障电流并能进行给定次数重合的一种有"自具"能力的控制开关。所谓自具，即本身具有故障电流检测和操作顺序控制与执行的能力，无须附加继电保护装置和另外的操作电源，也不需要与外界通信。现有的重合器通常可进行三次或四次重合。如果重合成功，重合器则自动中止后续动作，并经一段延时后恢复到预先的整定状态，为下一次故障做好准备。如果故障是永久性的，则重合器经过预先整定的重合次数后，就不再进行重合，即闭锁于开断状态，从而将故障线段与供电电源隔离开来。

重合器在开断性能上与普通断路器相似，但比普通断路器有多次重合闸的功能。在保护控制特性方面，则比断路器的智能化高得多，能自身完成故障检测、判断电流性质、执行开合功能；并能记忆动作次数、恢复初始状态、完成合闸闭锁等。

不同类型的重合器，其闭锁操作次数、分闸快慢动作特性及重合间隔时间等不相同，其典型的四次分段、三次重合的操作顺序为：$\xrightarrow{t_1}$ 合分 $\xrightarrow{t_2}$ 合分 $\xrightarrow{t_2}$ 合分，其中 t_1，t_2 好可调，随产品不同而不同。重合次数及重合闸间隔时间可以根据运行中的需要调整。

（四）分段器

分段器是提高配电网自动化程度和可靠性的又一种重要设备。分段器必须与电源侧前级主保护开关（断路器或重合器）配合，在无压的情况下自动分闸。当发生永久性故障时，分段器在预定次数的分合操作后闭锁于分闸状态，从而达到隔离故障线路区段的目的。若分段器未完成预定次数的分合操作，故障就被其他设备切除了，分段器将保持在合闸状态，并经一段延时后恢复到预先整定状态，为下一次故障做好准备。分段器可开断负荷电流、关合短路电流，但不能开断短路电流，因此不能单独作为主保护开关使用。

（五）远方控制的馈线自动化

前面已经介绍过，FTU 是一种具有数据采集和通信功能的柱上开关控制器。在故障时，FTU 将故障时的信息通过通道送到变电站，而与变电站自动化的遥控功能相配合，对故障进行一次性的定位和隔离。这样，既免去了由于开关试投所增加的冷负荷，又可大大缩短了自动恢复供电的时间（由大于 20min 缩短到约 2min）。此外，如有需要，还可以自动启动负荷管理系统，切除部分负荷，以解决可能还需应对的冷负荷问题。

第二节　负荷控制技术与配电图资地理信息系统

一、负荷控制技术及需方用电管理

（一）电力负荷控制的必要性及其经济效益

电力负荷控制系统是实现计划用电、节约用电和安全用电的技术手段，也是配电自动化的一个重要组成部分。

不加控制的电力负荷曲线是很不平坦的，上午和傍晚会出现负荷高峰；而在深夜负荷很小又形成低谷。一般最小日负荷仅为最大日负荷的 40% 左右。这样的负荷曲线对电力系统是很不利的。从经济方面来看，如果只是为了满足尖峰负荷的需要而大量增加发电、输电和供电设备，在非峰荷时间里就会造成很大的浪费，可能有占容量 1/5 的发变电设备每天仅仅工作一两个小时！而如果按基本负荷配备发变电设备容量，又会使 1/5 的负荷在尖峰时段得不到供电，也会造成很大的经济损失。上述矛盾是很尖锐的。另外为了跟踪负荷的高峰低谷，一些发电机组要频繁地起停，既增加了燃料的消耗，又降低了设备的使用寿命。同时，这种频繁的起停以及系统运行方式的相应改变，都必然会增加电力系统故障的机会，影响安全运行，从技术方面看对电力系统也是不利的。

如果通过负荷控制，削峰填谷，使日负荷曲线变得比较平坦，就能够使现有电力设备得到充分利用，从而推迟扩建资金的投入；并可减少发电机组的起停次数，延长设备的使用寿命，降低能源消耗；同时对稳定系统的运行方式，提高供电可靠性也大有益处。对用户来说，如果让峰用电，也可以减少电费支出。因此，建立一种市场机制下用户自愿参与的负荷控制系统，会形成双赢或多赢的局面。

（二）电力负荷控制种类

电力系统中运行的有分散负荷控制装置和远方集中负荷控制系统两种。分散的负荷控制装置功能有限，不灵活，但价格便宜，可用于一些简单的负荷控制。例如，用定时开关控制路灯和固定让峰装置设备，用电力定量器控制一些用电指标比较固定的负荷等。远方集中负荷控制系统的种类比较多，根据采用的通信传输方式和编码方法的不同，可分为音频电力负荷控制系统、无线电电力负荷控制系统、配电线载波电力负荷控制系统、工频负荷控制系统和混合负荷控制系统五类。在我国，负荷控制方式主要有无线电负荷控制和音频负荷控制，此外还有工频负荷控制、配电线载波负荷控制和电话线负荷控制等。在欧洲多地采用音频控制，在北美较多地采用无线电控制。

电力负荷控制系统由负荷控制中心和负荷控制终端组成。电力负荷控制中心是可对各负荷控制终端进行监视和控制的主控站，应当与配电调度控制中心集成在一起。电力负荷控制终端是装设在用户处，受电力负荷控制中心的监视和控制的设备，也称被控端。

负荷控制终端又可分为单向终端和双向终端两种。单向终端只能接收电力负荷控制中心的命令；双向终端能与电力负荷控制中心进行双向数据传输和实现就地控制功能。

（三）音频负荷控制系统

音频负荷控制系统是指将 167～360Hz 的音频电压信号叠加到工频电力波形上直接传输到用户进行负荷控制的系统。这种方式利用配电线作为信息传输的媒介，是最经济的传输控制信号的方法，适合于范围很广的配电系统。

音频控制的工作方式与电力线载波类似，只是载波频率为音频范围。与电力线载波相比，它传播更有效，有较好的抗干扰能力。在选择音频控制频率时要避开电网的各次谐波频率，选定前要对电网进行测试，使选用的频率具有较好的传输特性，又不受电网谐波的影响。

因为音频信号也是工频电源的谐波分量，它的电平太高会给用户的电器设备带来不良影响。多种试验研究表明：注入 10kV 级时，音频信号的电平可为电网电压的 1.3%～2%；注入 110kV 级时则可为电网电压的 2%～3%。音频信号的功率约为被控电网功率的 0.1%～0.3%。

1. 音频负荷控制系统的基本原理

音频负荷控制系统的构成主要由中央控制机、当地站控机、音频信号发生器、耦合设备、注入互感器和音频信号接收器等部分组成。

中央控制机安装在负荷控制中心（一般在配电控制中心内），根据负荷控制的需要发出各种指令。这些指令脉冲序列通过调制器送到传输信道上，传输到设在配电变电站的站控机。从配电控制中心到配电变电站之间的信道可以共用配电网 SCADA 的已有信道。

站控机接到从中央控制机发送的控制信号之后，控制音频信号发生器调制成音频信号，然后通过耦合设备注入 10kV 配电网中。载有负荷控制命令的音频信号从配电变电站出来沿着中压（10kV）配电线在中压配电网中传输，然后通过配电变压器传到低压（220V/380V）配电网。设在低压配电网的音频信号接收器接到音频控制信号后进行检波，将控制命令还原出来，由接收器的译码鉴别电路判断是否是本机地址及执行何种操作，如果是，则执行相应操作，反之，则不予理睬。音频部分是指当地站控机到低压负荷开关部分，这是一个很庞大的网络，控制信号传输的距离很长，控制的负荷点很多。

2. 中央控制机及音频编码方式

中央控制机可以是一台独立工作的微型计算机，并配有显示、打印和人机联系等外部设备，也可以是配电网自动化系统的一个组成部分。负荷控制命令按照预先设定的控制规律自动定时发出，或由配电网调度人员发出。中央控制机可以对发出的命令进行返回校核，如果指令不正确，则重发一次，直到音频信号接收器正确收到指令为止。

（四）负荷管理与需方用电管理

负荷管理（LM）的直观目标，就是通过削峰填谷使负荷曲线尽可能变得平坦。这一目标的实现，有的由 LM 独立完成，有的则需与配电 SCADA、AF/FM/GIS 及应用软件 PAS 配合实现。

需方用电管理（DSM）则从更大的范围来考虑这一问题。它通过发布一系列经济政策以及应用一些先进的技术来影响用户的电力需求，以达到减少电能消耗推迟甚至少建新电厂的效果。这是一项充分调动用户参与的积极性，充分利用电能，进而改善环境的一项系统工程。

二、配电图资地理信息系统

（一）概述

配电图资地理信息系统（AM/FM/GIS）是自动绘图（automated mapping，AM）、设备管理（facilities management，FM）和地理信息系统（geographic information system，GIS）的总称，是配电系统各种自动化功能的公共基础。

和输电系统不同，配电系统的管辖范围从变电站、馈电线路一直到千家万户的电能表。配电系统的设备分布广、数量大，所以设备管理任务十分繁重，且均与地理位置有关。而且配电系统的正常运行、计划检修、故障排除、恢复供电以及用户报装、电量计费、馈线增容、规划设计等，都要用到配电设备信息和相关的地理位置信息。因此，完整的配电网系统模型离不开设备和地理信息。配电图资地理信息系统已成为配电系统开展各种自动化（如电量计费、投诉电话热线、开具操作票等）的基础平台。

（二）地理信息系统

地理信息系统（GIS）产生于 20 世纪 60 年代中期，当时主要是用于土地资源规划、自然资源开发、环境保护和城市建设规划等。在国内起步较晚，20 世纪 80 年代初，一些科研单位与大学才开始这方面的研究。

地理信息系统是计算机软、硬件技术支持下采集、存储、管理、检索和综合分析各种地理空间信息，以多种形式输出数据与图形产品的计算机系统。

地理是地理信息系统的重要数据源，这里的地图是指数字地图。数字地图是一种以数字形式表示的地图，它将地图上的地理实体分布范围分别用点、线、面来描述。点代表地面上的水井、高程水准点那样的物体。地理实体的位置采用一对（X，Y）坐标来表示。线代表河流和河道等线状地物。这类物体的位置采用一组有序的（X，Y）坐标来表示。数字地图上的线，有起始点和终止点，是有方向性的，称为矢量数据。面代表地图上具有边界和面积的区域，如建筑群、湖泊等。面可采用一组首尾位置重合的有序线段来表示地理实体的边界位置，即面是由一组的有序线段包围的区域。

地图数字化是建立地理信息系统的重要环节。根据上述"点""线""面"的定义，地图上的各种地物的空间分布信息就可以用数字准确地表示出来。数字化的地理底图如同字模一样，可以一次制作，多次使用，从而降低成本。

（三）自动绘图和设备管理系统

标有各种电力设备和线路的街道地理位置图，是配电网管理维修电力设备以及寻找和排除设备故障的有力工具。原来这些图资系统都是人工建立的，即在一定精度的地图上，由供电部门标上各种电力设备和线路的符号，并建立相应的电力设备和线路的技术档案。现在这些工作都可以由计算机完成，即自动绘图和设备管理（AM/FM）系统。

AM 包括制作、编辑、修改与管理图形；FM 包括各种设备及其属性的管理。AM 是通过扫描仪将地图图形输入计算机；FM 是将各种电力设备和线路符号反映在计算机的地理背景图上，并通过检索可得到各设备的坐标位置以及全部有关技术档案。AM/FM 系统不仅可以根据设备信息自动生成配电网络接线或从地理图上按设备、线路或区域直接调出有关的信息，而且还具有缩放、分层消隐、漫游、导航以及旋转等功能。

20 世纪 70 年代至 80 年代中期的 AM/FM 系统大都是独立系统。近些年来，随着 GIS 的快速发展以及 GIS 的优良特性，目前的大多数 AM/FM 系统均建立在 GIS 基础上，即利用 GIS 来开发功能更强的 AM/FM 系统，形成由多学科技术集成的基础平台，因此现在也称为 AM/FM/GIS 系统。

（四）AM/FM/GIS 系统在配电网中的实际应用

AM/FM/GIS 系统以前主要是离线应用，是用户信息系统（customer information system，CIS）的一个重要组成部分。近年来，随着开放系统的兴起，新一代的 SCADA/EMS/DMS

开始广泛采用商用数据库。这些商用数据库（如 ORACLE，SYBASE）能支持表征地理信息的空间数据和多媒体信息，这样就为 SCADA/EMS/DMS 与 AM/FM/GIS 的系统集成提供了方便，使 AM/FM/GIS 得以在线应用，成为电力系统数据模型的一个重要组成部分。

1. AM/FM/GIS 系统在离线方面的应用

（1）在设备管理系统中的应用

在以地理图为背景绘制的单线图上，能分层显示变电站、线路、变压器、断路器、隔离开关甚至电杆路灯和电力用户的地理位置。只要激活一下所检索的厂站或设备图标，就可以显示有关厂站或设备的相关信息。

设备信息包括生产厂家、出厂铭牌、技术数据、投运日期、检修次数等基本信息，还包括设备的运行工况信息和数据。根据这些厂家数据和运行工况，设备管理系统对设备进行经常维护和定期检修，使设备处于良好状态，延长其使用寿命。

设备管理系统虽然是一个独立的应用系统，但可以通过网络通信，与其他应用共享设备信息和数据。

（2）在用电管理系统上的应用

业务报装、查表收费、负荷管理等是供电部门最为繁重的几项用电管理任务。使用 AM/FM/GIS 系统，可方便基层人员核对现场设备运行状况，及时更新配电、用电的各项信息数据。

业务报装时，可在地理图上查询有关信息数据，有效地减少现场勘测工作量，加快新用户报装的速度。

查表收费包括电能表管理和电费计费。使用 AM/FM/GIS 系统，按街道的门牌编号建立的用户档案，查询起来非常直观方便。计费系统还可根据自动抄表或人工抄表的数据，自动核算电费，打印收款通知或直接进入银行账号，还可随时调出任一用户的安装容量及历年用电量数据，进行各类分类统计和分析。

用电管理系统的另一个功能是制定各种负荷控制方案，根据变压器、线路的实际负荷，以及用户的地理位置和负荷可控情况，实现对负荷的调峰、错峰和填谷。

（3）在规划设计上的应用

配电系统中合理分割变电站负荷、馈电线路负荷调整以及增设配电变电站、开关站、联络线和馈电线路，以及配电网改造、发展规划等规划设计任务都比较烦琐，一般都由供电部门自行完成。采用地理图上所提供的设备管理和用电管理信息和数据，并与小区负荷预报的数据相结合，共同构成配电网规划和设计计算的基础。

配网的设计计算任务较多，且与 AM/FM/GIS 系统的信息和数据密切相关，因此一般用于配网的规划设计系统，都具有与 AM/FM/GIS 系统和 AutoCAD 的接口，以便借助于

Auto-CAD 丰富的软件工具，高效率地完成各种设计计算任务。

2. AM/FM/GIS 系统在在线方面的应用

（1）反映配电网的运行状况

读取 SCADA 系统实时遥信量，通过网络拓扑着色，能直观地反映配电网实时运行状况。对于模拟量，通过动态图层进行数据的动态更新，确保数据的实时性。对于事故，可推出报警画面（含地理信息），用不同的颜色来显示故障停电的线路及停电区域，做事故记录。

（2）在线操作

可在地理接线图上直接对开关进行遥控，对设备进行各种挂牌、解牌操作。

3. AM/FM/GIS 系统在投诉电话热线中的应用

投诉电话热线也是 DMS 的一个重要组成部分，其目的是快速、准确地利用用户打来的大量故障投诉电话，来判断发生故障的地点和故障影响范围，并根据抢修队所处的位置，及时地派出抢修人员，使停电时间最短。

这时，需要了解设备的运行状态和故障发生的地点以及抢修人员所处的位置（应是具体的地理位置，如街道名称、门牌号等），因此 AM/FM/GIS 系统提供的最新的地图信息、设备运行状态信息极为重要。

上述任务需要用 DMS 的故障定位与隔离和恢复供电两个功能来实现。调度员输入用户停电投诉电话的地点，故障定位与隔离程序根据投诉地点的多少和位置分析出故障停电范围，并排出可能的故障点顺序。然后，参照有地理图背景的单线图，用移动电话指挥现场人员准确找到故障点，并予以隔离。故障定位与隔离完成后，启动恢复供电程序，按程序所指出的最优顺序尽快安全地恢复供电。

第三节　远程自动抄表系统与变电站综合自动化

一、远程自动抄表系统

（一）远程自动抄表系统概述

随着现代电子技术、通信技术以及计算机及其网络技术的飞速发展，电能计量手段和抄表方式也发生了根本的变化。电能远程自动抄表（automatic meter reading，AMR）系统是一种采用通信和计算机网络技术，将安装在用户处的电能表所记录的用电量等数据通过遥测、传输汇总到营业部门，代替人工抄表及后续相关工作的自动化系统。

电能远程自动抄表系统的实现提高了用电管理的现代化水平。采用远程自动抄表系统，不仅能节约大量人力资源，更重要的是可提高抄表的准确性，减少因估计或誊写而造成账单出错，使供用电管理部门能得到及时准确的数据信息。同时，电力用户不再需要与抄表者预约抄表时间，还能迅速查询账单，因此远程自动抄表系统也深受用户的欢迎。随着电价的改革，供电部门为迅速出账，需要从用户处尽快获取更多的数据信息，如电能需量，分时电量和负荷曲线等，使用远程自动抄表系统可以方便地完成上述功能。电能远程自动抄表系统已成为配电网自动化的一个重要组成部分。

（二）远程自动抄表系统的构成

远程自动抄表系统主要包括四个部分：具有自动抄表功能的电能表、抄表集中器、抄表交换机和中央信息处理机。抄表集中器是将多台电能表连接成本地网络，并将它们的用电量数据集中处理的装置，其本身具有通信功能，且含有特殊软件。当多台抄表集中器需再联网时，所采用的设备就称为抄表交换机，它可与公共数据网接口。有时抄表集中器和抄表交换机可合二为一。中央信息处理机是利用公用数据网，将抄表集中器所集中的电表数据抄回并进行处理的计算机系统。

1. 电能表

电能表具有自动抄表功能，能用于远程自动抄表系统的电能表有脉冲电能表和智能电能表两大类。

①脉冲电能表能够输出与转盘数成正比的脉冲串。根据其输出脉冲的实现方式的不同，又可分为电压型脉冲电能表和电流型脉冲电能表两种。电压型表的输出脉冲是电平信号，采用三线传输方式，传输距离较近；而电流型表的输出脉冲是电流信号，采用两线传输方式，传输距离较远。

②智能电能表传输的不是脉冲信号，而是通过串行口，以编码方式进行远方通信，因而准确、可靠。按其输出接口通信方式划分，智能电能表可分为 RS-485 接口型和低压配电线载波接口型两类。RS-485 智能电能表是在原有电能表内增加了 RS-485 接口，使之能与采用 RS-485 型接口的抄表集中器交换数据；载波智能电能表则是在原有电能表内增加了载波接口，使之能通过 220V 低压配电线与抄表集中器交换数据。

③电能表的两种输出接口比较输出脉冲方式可以用于感应式和电子式电能表，其技术简单，但在传输过程中，容易发生丢脉冲或多脉冲现象，而且由于不可以重新发送，当计算机因意外中断运行时，会造成一段时间内对电能表的输出脉冲没有计数，导致计量不准。此外，输出脉冲方式电能表的功能单一，一般只能输送电能信息，难以获得最大需

量、电压、电流和功率因数等多项数据。

串行通信接口输出方式可以将采集的多项数据，以通信规约规定的形式进行远距离传输，一次传输无效，还可以再次传输，这样抄表系统即使暂时停机也不会对其造成影响，保证了数据的可靠上传。但是串行通信方式只能用于采用微处理器的智能电子式电能表和智能机械电子式电能表，而且由于通信规约的不规范，使各厂家的设备之间不便于互连。

2. 抄表集中器和抄表交换机

抄表集中器是将远程自动抄表系统中的电能表的数据进行一次集中的装置。对数据进行集中后，抄表集中器再通过电力载波等方式将数据继续上传。抄表集中器能处理脉冲电能表的输出脉冲信号，也能通过 RS-485 方式将数据继续上传。

抄表交换机是远程抄表系统的二次集中设备。它集结的是抄表集中器的数据，然后再通过公用电话网或其他方式传输到电能计费中心的计算机网络。抄表交换机可通过 RS-485 或电力载波方式与各抄表集中器通信，而且也具有 RS-232、RS-485 方式或红外线通道用于与外部交换数据。

3. 电能计费中心的计算机网络

电能计费中心的计算机网络是整个自动抄表系统的管理层设备，通常由单台计算机或计算机局域网再配合以相应的抄表软件组成。

（三）远程自动抄表系统的典型方案

1. 总线式远程自动抄表系统

总线式远程自动抄表系统是由电能表、抄表集中器、抄表交换机和电能计费中心组成的四级网络系统。抄表集中器与抄表交换机之间采用低压配电线载波方式传输数据。抄表交换机与电能计费中心的计算机网络之间，通过公用电话网传输数据。

在总线式抄表系统中，抄表集中器还可以通过低压配电线载波方式读取电能表数据，抄表交换机与抄表集中器也可以采用 RS-485 网络传输数据。

远方抄取居民用户电能时，可将一个楼道内的电能表采用一台抄表集中器集中，再将多台抄表集中器通过抄表交换机连接到公用电话网络进行远程自动抄表。

2. 三级网络的远程自动抄表系统

三级网络的远程自动抄表系统中的抄表交换机和抄表集中器合二为一，它通过 RS-485 网或者低压配电线载波方式读取智能电能表数据，直接采集脉冲电能表的脉冲，然后通过公用电话网将数据送至电能计费中心的计算机网络。

3. 利用远程自动抄表防止窃电

利用远程自动抄表系统还可以及时发现窃电行为，以便及时地采取必要的措施。仅从电能表本身采取的技术手段已经难以防范越来越高明的窃电手段。根据低压配电网的结构，合理设置抄表集中器和抄表交换机，并在区域内的适当位置采用总电能表来核算各分支电能表数据的正确性，就可以较好地防范和侦查窃电行为，即针对居民用户电能表，在每条低压馈线分支前的适当位置（比如一座居民楼的进线处）安装一台抄表集中器，并在该处安装一台用于测量整条低压馈线总电能的低压馈线总电能表，该表也和抄表集中器相连。在居民小区的配电变压器处设置抄表交换机，并与安装在该处的配电区域总电能表相连。这样，当配变区域总电能表的数据明显大于该区域所有的居民用户电能表读数之和时，在排除了电能表故障的可能性后，就可认定该区域发生了窃电行为。

二、变电站综合自动化

变电站综合自动化是将变电站的二次设备（包括测量仪器、信号系统、继电保护、自动装置和远动装置等）经过功能的组合和优化设计，利用先进的计算机技术、现代电子技术、通信技术和信号处理技术，实现对全变电站的主要设备和输、配电线路的自动监视、测量、自动控制和保护，以及与调度通信等综合性的自动化功能。变电站综合自动化系统中，不仅利用多台微机和大规模集成电路组成的自动化系统，代替了常规的测量、监视仪表和常规控制屏，还用微机保护代替常规的继电保护屏，弥补了常规的继电保护装置不能自检也不能与外界通信的不足。变电站综合自动化系统可以采集到比较齐全的数据和信息，利用计算机的高速计算能力和逻辑判断能力，可方便地监视和控制变电站内各种设备的运行和操作。变电站综合自动化技术是自动化技术、计算机技术和通信技术等高科技在变电站领域的综合应用。

配电变电站是配电网的重要组成部分，因此配电变电站自动化程度的高低，直接反映了配电自动化的水平。配电变电站自动化和输电网中变电站自动化主要有两点不同：①配电变电站自动化不考虑电力系统的稳定问题，因此保护和故障录波的要求都比较简单；②量大面广的馈电线路开关体积较小，较易与二次自动化设备组合成一体，构成机电一体化的智能式开关。

当代的变电站自动化正从传统的单项自动化向综合自动化方向过渡，而且是电力系统自动化中系统集成最为成功、效益较为显著的一个例子。

（一）变电站综合自动化系统的基本功能

变电站综合自动化系统是由各个子系统组成的。在研制过程中，一个值得重视的问题是如何把变电站各个单一功能的子系统（或单元自控装置）组合起来，实际上是如何使监控主机（上位机）与各子系统之间建立起数据通信或互操作。在综合自动化系统中，由于综合或协调工作的需要，网络技术、分布式技术、通信协议标准、数据共享等问题，必然成为研究综合自动化系统的关键问题。

1. 监控子系统

监控子系统应取代常规的测量系统，取代指针式仪表；改变常规的操作机构和模拟盘，取代常规的告警、报警、中央信号、光字牌；取代常规的远动装置等。总之，其功能应包括：数据量采集（包括模拟量、开关量和电能量的采集）；事件顺序记录 SOE；故障记录、故障录波和故障测距；操作控制功能；安全监视功能；人机联系功能；打印功能；数据处理与记录功能；谐波分析与监视功能等。

2. 微机保护子系统

微机保护是综合自动化系统的关键环节。微机保护应包括全变电站主要设备和输电线路的全套保护，具体有：高压输电线路的主保护和后备保护；主变压器的主保护和后备保护；无功补偿电容器组的保护；母线保护；配电线路的保护；不完全接地系统的单相接地选线。

3. 电压、无功综合控制子系统

在配电网中，实现电压合格和无功基本就地平衡是非常重要的控制目标。在运行中，能实时控制电压/无功的基本手段是有负荷调压变压器的分接头调档和无功补偿电容器组的投切。

4. 低频减负荷及备用电源自投控制子系统

低频减负荷是一种"古老"的自动装置。当电力系统有功严重不足使系统频率急剧下降时，为保持系统稳定而采取的一种"丢车保帅"的手段。

但传统常规的低频减负荷有着很大的缺点，例如某一回路已被定为第一轮切负荷对象，可是此时该回路负荷很小，切除它也起不到多少作用，如果第一轮中各回路中这种情况多几个，则第一轮切负荷就无法挽救局势。

在变电站综合自动化系统中，可以避免这种情况。当监测到该回路负荷很小时，可以不切除它，而改切另一路负荷大的备选回路。这就改变了系统的呆板形象，而具有了一定的智能。

5. 通信子系统

通信功能包括站内现场级之间的通信和变电站自动化系统与上级调度的通信两部分。

①综合自动化系统的现场级通信，主要解决自动化系统内部各子系统与监控主机（上位机）及各子系统间的数据通信和信息交换问题。通信范围是变电站内部。对于集中组屏的综合自动化系统，就是在主控室内部；对于分散安装的自动化系统，其通信范围扩大至主控室与各子系统的安装地（开关室），通信距离加长了一些。现场级的通信方式有并行通信、串行通信、局域网络和现场总线等多种方式。

②综合自动化系统与上级调度通信综合自动化系统应兼有 RTU 的全部功能，能够将所采集的模拟量和开关状态信息，以及事件顺序记录等传至调度端，同时应能接收调度端下达的各种操作、控制、修改定值等命令，即完成新型 RTU 的全部四遥及其他功能。

（二）变电站综合自动化的结构形式

变电站综合自动化系统的发展与集成电路、微型计算机、通信和网络等方面的技术发展密切相关。随着这些高科技技术的不断发展，综合自动化系统的体系结构也不断发生变化，其性能和功能以及可靠性等也不断提高。从国内外变电站综合自动化系统的发展过程来看，其结构形式有集中式、分布集中式、分散与集中相结合式和全分散式四种。

1. 集中式的结构形式

集中式的综合自动化系统，是指集中采集变电站的模拟量、开关量和数字量等信息，集中进行计算与处理，再分别完成微机监控、微机保护和一些自动控制等功能。集中式结构不是指由一台计算机完成保护、监控等全部功能。集中式结构的微机保护、微机监控和与调度通信的功能可以由不同计算机完成的，只是每台计算机承担的任务多些。这种结构形式的存在与当时的微机技术和通信技术的实际情况是相关的。

这种集中式的结构是根据变电站的规模，配置相应容量的集中式保护装置和监控主机及数据采集系统，将它们安装在变电站中央控制室内。

主变压器和各进出线及站内所有电气设备的运行状态，通过 TA、TV 经电缆传输到中央控制室的保护装置和监控主机（或远动装置）。继电保护动作信息往往是取保护装置的信号继电器的辅助触点，通过电缆送给监控主机（或远动装置）。

这种集中式结构系统造价低，且其结构紧凑、体积小，可大大减少占地面积。其缺点是软件复杂，修改工作量很大，系统调试麻烦；且每台计算机的功能较集中，如果一台计算机出故障，影响面大，就必须采用双机并联运行的结构才能提高可靠性。另外，该结构组态不灵活，对不同主接线或规模不同的变电站，软、硬件都必须另行设计，二次开发的工作量很大，因此影响了批量生产，不利于推广。

2. 分层（级）分布式系统集中组屏的结构形式

所谓分布式结构，是在结构上采用主从 CPU 协同工作方式，各功能模块（通常是各个从 CPU）之间采用网络技术或串行方式实现数据通信，多 CPU 系统提高了处理并行多发事件的能力，解决了集中式结构中独立 CPU 计算处理的瓶颈问题，方便系统扩展和维护，且局部故障不影响其他模块（部件）的正常运行。

所谓分层式结构，是将变电站信息的采集和控制分为管理层、站控层和间隔层三级分层布置。

间隔层按一次设备组织，一般按断路器的间隔划分，具有测量、控制和继电保护部分。测量、控制部分负责该单元的测量、监视、断路器的操作控制和联锁、事件顺序记录等；保护部分负责该单元线路或变压器或电容器的保护、各种录波等。因此，间隔层本身是由各种不同的单元装置组成，这些独立的单元装置直接通过总线接到站控层。

站控层的主要功能就是作为数据集中处理和保护管理，担负着上传下达的重要任务。一种集中组屏结构的站控层设备是保护管理机和数采控制机。正常运行时，保护管理机监视各保护单元的工作情况，一旦发现某一保护单元本身工作不正常，立即报告监控主机，并报告调度中心。如果某一保护单元有保护动作信息，也通过保护管理机，将保护动作信息送往监控主机，再送往调度中心。调度中心或监控主机也可通过保护管理机下达修改保护定值等命令。数采控制机则将数采单元和开关单元所采集的数据和开关状态发送给监控主机和调度中心，并接收由调度中心或监控主机下达的命令。总之，这第二层管理机的作用是可明显减轻监控主机的负担，协助监控机承担对间隔层的管理。

变电站的监控主机，通过局部网络与保护管理机和数采控制机以及控制处理机通信。监控主机的作用是，在无人值班的变电站，主要负责与调度中心的通信，使变电站综合自动化系统具有 RTU 的功能，完成四遥的任务；在有人值班的变电站，除了仍然负责与调度中心的通信外，还负责人机联系，使综合自动化系统通过监控主机完成当地显示、制表打印、开关操作等功能。

分层分布式系统集中组屏结构的特点如下。

（1）采用下放原则

由于分层分布式结构配置，在功能上采用可以下放的尽量下放原则，凡是可以在本间隔层就地完成的功能，绝不依赖通信网。这样的系统结构与集中式系统比较，明显优点是：可靠性高，任一部分设备有故障时，只影响局部；可扩展性和灵活性高；站内二次电缆大大简化，节约投资也简化维护。分布式系统为多 CPU 工作方式，各装置都有一定的数据处理能力，从而大大减轻了主控制机的负担。

（2）继电保护相对独立

继电保护装置的可靠性要求非常严格，因此在综合自动化系统中，继电保护单元宜相对独立，其功能不依赖于通信网络或其他设备。通过通信网络和保护管理机传输的只是保护动作的信息或记录数据。

（3）具有和系统控制中心通信的能力

综合自动化系统本身已具有对模拟量、开关量、电能脉冲量进行数据采集和数据处理的功能，还收集继电保护动作信息、事件顺序记录等，因此不必另设独立的 RTU 装置，不必为调度中心单独采集信息。综合自动化系统采集的信息可以直接传输给调度中心，同时也可以接收调度中心下达的控制、操作命令和在线修改保护定值命令。

（4）模块化结构，可靠性高

综合自动化系统中的各功能模块都由独立的电源供电，输入/输出回路也相互独立，因此任何一个模块故障，都只影响局部功能，不会影响全局。由于各功能模块都是面向对象设计的，所以软件结构较集中式的简单，便于调试和扩充。

（5）室内工作环境好，管理维护方便

分级分布式系统采用集中组屏结构，屏全部安放在控制室内，工作环境较好，电磁干扰比放于开关柜附近弱，便于管理和维护。

分布集中式结构的主要缺点是安装时需要的控制电缆相对较多，增加了电缆投资。

3. 分散与集中相结合的结构

分布集中式的结构虽具备分级分布式、模块化结构的优点，但因为采用集中组屏结构，因此需要较多的电缆。随着单片机技术和通信技术的发展，可以考虑以每个电网元件为对象，集测量、保护、控制于一体，设计在同一机箱中。对于 6~35kV 的配电线路，这样一体化的保护、测量、控制单元就分散安装在各开关柜内，构成所谓智能化开关柜，然后通过光纤或电缆网络与监控主机通信，这就是分散式结构。考虑环境等因素，高压线路保护和变压器保护装置，仍可采用组屏安装在控制室内。这种将配电线路的保护和测控单元分散安装在开关柜内，而高压线路保护和主变压器保护装置等采用集中组屏的系统结构，就称为分散与集中相结合的结构，这是当前综合自动化系统的主要结构形式，也是今后的发展方向。

分散与集中相结合的变电站综合自动化系统有以下优点。

①简化了变电站二次部分的配置，大大缩小了控制室的面积。配电线路的保护和测控单元，分散安装在各开关柜内，减少了主控室保护屏的数量，再加上采用综合自动化系统后，原先常规的控制屏、中央信号屏和站内模拟屏可以取消，因此使主控室面积大大缩小，有利于实现无人值班。

②减少了设备安装工程量。智能化开关柜的保护和测控单元在开关柜出厂前已由厂家安装和调试完毕，再加上敷设电缆的数量大大减少，因此现场施工、安装和调试的工期都随之缩短。

③简化了变电站二次设备之间的互连线，节省了大量连接电缆。

④分散与集中相结合的结构可靠性高，组态灵活，检修方便。分散式结构，由于分散安装，减小了 TA 的负担。各模块与监控主机间通过局域网络或现场总线连接，抗干扰能力强，可靠性高。

第四节　数字化变电站

一、新型电流和电压互感器

传统的电磁式互感器基于法拉第电磁感应原理，广泛应用在电力系统的保护、测量、计量等方面。随着电力系统的发展，传统互感器的一些弊端日益突出。例如电磁式电压互感器存在铁磁谐振的问题，会造成谐振过电压；超高压、特高压系统中电磁式电流互感器的绝缘技术难度大、价格昂贵；一次电流从小负荷到短路电流，变化范围大，电磁式电流互感器在低端精度低，在高端容易饱和，等等。随着电子技术的发展，一些新原理和新方案的互感器逐渐达到或接近实用化，使得人们看到了彻底解决传统互感器弊端的希望。

二、智能断路器

非常规互感器的出现以及计算机的发展，使得对于断路器设备内部的电、磁、温度、机械、机构动作状态监测已经成为可能，可通过收集分析检测数据，判断断路器设备运行的状况及趋势，安排检修和维护时间，实现设备的状态检修，代替传统的定期检查试验和预防性试验。智能化一次设备采用数字化的监视和控制手段，机械结构简单，体积小。既减少了设备停电检修的概率和时间，减少了运行成本，也减少了人为因素造成的设备损坏。

智能操作断路器是根据所检测到的电网中断路器开断前一瞬间的各种工作状态信息，自动选择和调整操动机构以及与灭弧室状态相适应的合理工作条件，以改变现有断路器的单一分闸特性。例如，在无负荷时以较低的分闸速度开断，而在系统故障时又以较高的分闸速度开断等。这样，就可获得开断时电气和机构性能上的最佳开断效果。

对于现场大量使用的常规断路器而言，可以通过在断路器附近就近安装智能二次装置，采集断路器的位置、机构状态等信息，就地转换为数字信号，通过通信网络传输给二次系统；并通过通信网络接收二次系统的控制命令，转换成合适的控制信号控制断路器，从而实现常规断路器的智能化升级。

三、智能变电站

随着数字化变电站的不断发展，大量在线和实时的电气量数据和设备状态信息能够在变电站自动化系统中实现网络共享，并且这些数据和信息都是按照统一标准描述的，因而具备了应用计算机人工智能技术对这些数据进行深入分析、挖掘和实现智能判断和推理的可能性。在此基础上，作为智能电网的一个重要组成部分，提出了智能变电站的概念。

按照国家电网公司企业标准《智能变电站技术导则》中的定义，智能变电站是指采用先进、可靠、集成、低碳、环保的智能设备，以全站信息数字化、通信平台网络化、信息共享标准化为基本要求，自动完成信息采集、测量、控制、保护、计量和监测等基本功能，并可根据需要支持电网实时自动控制、智能调节、在线分析决策、协同互动等高级功能的变电站。

虽然目前数字化变电站和智能变电站还不完善，还需要在实践过程中不断完善，但是随着技术的进步和相关实践的不断深入，智能变电站将会是变电站自动化系统必然的发展方向。

（一）智能变电站的体系结构

智能变电站的结构主要分为过程层、间隔层以及站控层。

过程层包含合并单元、智能终端、现场检测单元以及智能一次设备等，完成变电站的电能分配、转换、传输以及状态监测等功能，主要实现电气量的监测、状态监测以及操作驱动等。

间隔层包括测控、保护、计量、故障录波、网络记录分析一体化、备自投低频低压减负荷、状态监测智能电子设备、主 LED 等装置，实施一次设备的保护、操作闭锁和同期操作及其他控制，实现对数据的采集、统计运算以及控制命令的优先级设置，完成过程层中实时数据信息汇总以及站控层的网络通信。

站控层包括战域控制、远动通信、五防、对时、在线监测、辅助决策等子系统信息一体化平台，平台与各子系统之间通过 IEC 61850《变电站通信网络与系统》标准协议进行数据和控制指令通信，将来自各子系统的功能集成在一个信息一体化平台中。站控层主要通过网络汇集全站的实时数据信息并不断进行刷新，按既定的规约将有关信息传输到调度、控制以及在线监测中心；接收调度、控制和在线监测中心的命令并发送至间隔层以及过程层开始执行；具有在线可编程的全站操作闭锁功能；具有对于间隔层、过程层设备的在线维护、在线修改参数的功能；具有变电站故障自动分析的功能。

（二）智能变电站的基本功能

智能变电站的主要特征为一次设备的智能化、信息交换的标准化、系统的高度集成化、保护控制的协调化、运行控制的自动化、分析决策的在线化等。

1. 基本功能

第一，测量单元。智能变电站测量单元采用高精度数据采集技术以及稳态、动态、暂态数据综合控制技术，实现了实时数据的同步采集，提供精确的电网数据，测量输出数据以及被测电气参数响应一致，并且具备电能质量的数据测量功能。

第二，控制单元。智能变电站的控制单元能够接收监控中心、调度中心以及后台控制中心发出的控制指令，经过校验之后，能够自动完成相关指令。控制单元具备全站防止电气误操作闭锁、同期电压选择、本间隔顺序控制、支持紧急操作模式以及投退保护压板等功能，满足智能变电站无人值守的要求。

第三，保护单元。智能变电站保护单元应当遵守继电保护的基本要求，通过网络通信等方式接收电流、电压等数据以及输出控制信号，信号输入、输出环节的故障不应导致保护误动作，应当发出警告信号，独立实现保护功能。当采用双重化的保护配置时，其信息输入、输出环节应当完全独立。

第四，计量单元。智能变电站计量单元具备分时段对需量电能量自动采集、处理、传输、存储等功能，能够准确完整地计算出电能量，满足电能量信息的唯一性以及可信度的要求。计量单元互感器的选择配置以及准确度应当满足相关规定。电能表具备可靠的数字量或者模拟量的输入接口，用于接收合并单元输出的信号。合并单元具备参数设置的硬件防护功能，其精确度需要满足计量的需求。

第五，状态监测单元。智能变电站的状态检测单元主要包括智能变压器监测单元、智能开关设备监测单元、智能容性设备检测单元以及智能避雷器监测单元，通过传感器对一侧设备的运行状态进行自动信息采集，通过 IEC 61850 协议将数据传输到信息一体化平台上，接收信息一体化平台的控制指令，具备远方设定采集信息周期、报警阈值等功能。

第六，通信单元。智能变电站通信单元包括过程层/间隔层之间的通信单元以及间隔层/站控层之间的通信单元，间隔层与站控层之间的通信单元遵守 1EC 61850 协议，采用完全自描述的方法实现站内信息以及模型的交换。进行网络数据优先分级以及优先传输，计算并控制网络流量，甄别网络数据的完整性，最终满足全站电力系统故障时的保护以及控制设备正常运行的需求。

第七，源端保护。变电站是调度系统数据采集的源端，需要提供变电站主接线图、网络拓扑参数数据以及数据模型等配置参数信息。维护时只需要利用相关工具进行统一配置，生成标准文件，并且自动导入变电站的系统数据库。

第八，防闭锁单元。防闭锁单元实现全站的防误操作闭锁功能，同时在受控设备的操作回路中串联本间隔的闭锁回路。对空气绝缘的敞开式开关设备，可以配置就地锁具。变电站的远方、就地操作中均能够通过电气闭锁触点实现闭锁功能。

2. 高级功能

第一，设备状态可视化。采集变电站一次设备（变压器、断路器、开关设备、避雷器等）的状态信息，重要二次设备（测控装置、保护装置、合并单元以及智能终端等）以及网络设备的状态信息，进行状态可视化地展示并且发送至上级系统，为实现电网优化运行以及设备运行管理提供基础数据；实时监视变电站重要设备运行状态，为实现变电站的寿命周期管理提供数据。

第二，智能警告及故障信息的综合分析决策。智能警告功能对于变电站内的各种事件进行分析决策，建立变电站故障信息的推理逻辑以及相关模型，实现对异常信息的过滤以及分类，对变电站的运行状态进行实时监测并对异常情况进行自动报警，为主站提供已经筛选分类好的故障警告信息，从而可以对其进行合理安排，剔除没有威胁或者优先等级较低的警告信息，同时给出故障处理的指导建议。要求在故障情况下对异常事件按顺序记录信号，并对其进行保护控制、相量测量、故障录波等数据的综合分析，最终以可视化界面综合展示。

第三，站域控制。通过对全站信息的集中判断处理，实现站内自动控制设备的协调工作，满足系统的运行要求。

第四，与外部系统交互信息。与网省侧监控中心、相邻变电站、大用户以及各类电源等外部系统进行信息交换的功能，是智能变电站互动化的体现。

3. 辅助设施功能

第一，视频监控。智能变电站内配置视频监控系统，可以传输相关视频信息，在设备的控制操作以及事故处理时与信息一体化平台协同联动，且具备设备就地以及远程视频巡检以及远程视频工作指导等功能。

第二，安防系统。配置灾害防范、安全防范子系统，将警告信号以及测量数据根据 IEC 61850 协议接入到信息一体化平台中，并且配备语音广播系统，实现变电站内流动人员与监控中心语音交流，非法入侵时能进行广播警告。

第三，照明系统。采用清洁能源以及高效光源，利用节能灯具等降低能耗，配备应急照明设施。室外照明系统则采用总线布置，局部采用照明控制器的形式进行控制连接，实现照明的自动控制。

第四，站用电源系统。全站直流、交流、逆变等电源一体化设计、配置和监控，实现全站交、直流电源远方监控以及分析控制，其运行工况和信息数据根据 1EC 61850 协议接入到智能变电站信息一体化平台中。

第五，智能巡检系统。一方面可以通过相关终端人工采集变电站主要设备的运行状态信息，根据 IEC 61850 协议与变电站信息一体化平台进行数据交互；另一方面可以通过变电站的智能巡检机器人，按照任务要求自动获取变电站主要设备的运行状态信息，同样根据 IEC 61850 协议与变电站信息一体化平台进行数据交互。

（三）智能变电站的评价

1. 技术评价

技术评价主要包括基础功能完整性以及先进性两个方面：基础功能完整性评价应当包含一次设备智能化、电子式互感器、IEC 61850 标准、变电站信息一体化平台、信息安全防护以及一体化电源系统等内容；先进性评价应当从高级功能以及辅助功能的应用两方面进行评价。

2. 经济评价

经济评价主要包括成本、社会效益以及全寿命周期投入产出比等分析，对于新建变电站还应当进行敏感性分析等。

（四）智能变电站的发展方向

未来的智能变电站基于设备智能化的发展以及高级功能的实现，可以分为设备层和系统层。设备层包含一次设备以及智能组件，将一次设备、二次设备、在线监测以及故障录波等装置进行协调融合，具备电能输送、电能分配、继电保护、控制、测量、计量、状态监测、故障录波、通信功能，体现智能变电站智能化技术的发展方向。系统层面向全站，通过智能组件获取并综合处理变电站中关联智能设备的相关信息，具备基本数据处理以及高级应用等功能，包括网络通信系统、对时系统、系统高级应用、一体化信息平台等，突出信息共享、设备状态可视化、智能警告、分析决策等高级功能。智能变电站数据源标准统一，实现网络共享。智能设备之间进行深入交互，支持系统级的运行控制策略。

第七章 电力系统安全自动装置

第一节 自动重合闸装置

一、自动重合闸的作用及对其要求

（一）自动重合闸的作用

在电力系统中，发生故障概率最多的元件就是输电线路，尤其是架空线路。电网运行经验表明，在输电线路的故障中，约有 90% 是瞬时性的，例如由雷电引起的表面闪络、线路对树枝放电、大风引起的碰线、鸟类或者树枝等掉落在导线上或者绝缘子表面污染等原因引起的故障。当线路被继电保护迅速断开之后，电弧自行熄灭，外界物体被电弧烧掉消失，绝缘强度恢复。此时若将输电线路的断路器合上，就可以恢复正常供电，减少停电时间。除此之外，也存在永久性故障，例如由于线路倒杆、断线、绝缘子损坏或者击穿等引起的故障，线路断开时故障依然存在。此时，即使合上电源，线路依然要被继电保护断开，因此就不能够恢复正常的供电。

因为输电线路故障的以上特性，在线路断开进行一次合闸就能大大提高供电的可靠性。重新合上断路器的操作可以由电网工作人员手动进行，但是停电时间过长，用户电动机可能已经停转，效果不理想。因此，在电力系统中往往采用自动重合闸（autoreclosure，ARC）装置来代替手动合闸。自动重合闸装置是将因故障跳开后的断路器按需要自动投入的一种自动装置。根据运行资料统计，重合闸的成功率一般为 60%~90%。

衡量自动重合闸运行一般有两个指标：重合闸成功率和正确动作率。其意义为

$$重合闸成功率 = \frac{ARC\ 动作成功的次数}{ARC\ 总动作次数}$$

$$正确动作率 = \frac{ARC\ 正确动作次数}{ARC\ 总动作次数}$$

在电力系统输电线路上采用 ARC 的作用可归纳如下：

第一，大大提高供电的可靠性，减少线路停电的次数，发生瞬时性故障时可以迅速恢复供电，特别是对单侧电源的单回线路尤为显著。

第二，在双侧电源的高压输电线路上采用 ARC，还可以提高电力系统并列运行的稳定性，从而提高传输容量。

第三，在电网的设计与建设过程中，有些情况下由于考虑 ARC 的作用，可以暂缓架设双回线路，以节省投资。

第四，能够纠正因为断路器本身机构不良以及继电保护误动作引起的跳闸，同时 ARC 与继电保护配合，可以提高故障的切除速度。

（二）对自动重合闸的要求

电力系统对于输电线路上的 ARC 装置提出了以下要求：

第一，手动跳闸以及遥控装置跳闸时不应重合。由值班人员手动操作或通过遥控装置将断路器断开时，ARC 不应动作。

第二，断路器处于不正常状态时不应重合。ARC 应当有闭锁措施，当断路器状态不正常，如操作机构中使用的气压、液压降低时，或者某些保护动作不允许自动合闸时，应该将 ARC 装置闭锁。

第三，手动合闸于故障线路时不应重合。手动投入断路器时，线路上存在故障，而随即被继电保护将其断开，这种情况属于永久性故障，可能由于检修质量不合格，隐患未消除或者保护的接地线忘记拆除等原因造成，因此再次重合也不会成功。

第四，ARC 装置动作应迅速。为了尽量减少停电对用户造成的损失，要求 ARC 动作的时间越短越好。但 ARC 装置的动作时间必须考虑保护装置的复归、故障点去游离后绝缘强度的恢复、断路器操作机构的复归及其准备好再次合闸的时间。

第五，ARC 装置应按照控制开关位置与断路器位置不对应的原理动作。当断路器的控制开关在合闸位置，而断路器实际在断开位置不对应的情况下，重合闸应当启动，这样保证无论是任何原因使断路器跳闸都能够进行一次重合。当利用保护装置来启动重合闸时，如果出现保护装置动作较快，而重合闸来不及启动时，必须采取相应措施（自保持回路、记忆回路等），保证重合闸的可靠动作。

第六，ARC 装置的动作次数应当符合预先设定。在任何情况下（包括元件本身的损坏以及继电器触点粘住或拒动），均不应当使断路器的重合次数超过规定，如一次式重合闸应当只动作一次，当重合于永久性故障而再次跳闸之后，不应该再动作；二次式重合闸应该能够动作两次，当第二次重合于永久性故障而跳闸以后，不应该再动作。

第七，ARC 装置动作后，应该能自动复归，准备好下一次动作。这对于雷击现象较多的线路非常必要，但对于 10kV 及以下电压的线路，为了简化重合闸的实现，也可以采用手动复归的方式。

第八，双侧电源线路上的 ARC 装置应考虑同步问题。

第九，ARC 装置应当能与继电保护配合，加速保护的动作。ARC 装置应有可能在重合闸以前或重合闸以后加速继电保护的动作，以便加速故障的切除。

（三）自动重合闸的分类

使用重合闸的目的有：一是保证并列运行系统的稳定性；二是尽快恢复瞬时故障元件的供电，从而恢复整个电力系统的正常运行。

根据作用于断路器的方式，线路 ARC 可以分为三相重合闸、单相重合闸以及综合重合闸。三相重合闸是指当线路上发生任何形式的故障时，继电保护装置均将线路三相断路器同时跳开，然后启动自动重合闸，再同时重新合三相断路器的方式；当重合闸到永久性故障时，断开三相并不再重合。一般在线路两侧分别为电源与用电户，相互联系较强的线路采用三相重合闸。单相重合闸指的是当电路上发生单相故障时，实行单相自动重合（断路器可以分相操作）；当重合闸到永久性故障时，一般是断开三相并不再进行重合；当线路上发生相间故障时，则断开三相，不进行自动重合。根据运行经验 110kV 以上的大接地电流系统的高压架空线路上，短路故障中 70% 以上是单相接地短路，特别是 220kV 以上的架空线路，这种情况下，如果只把发生故障的一相断开，然后再进行单相重合闸，而未发生故障的两相在重合闸周期内仍然继续，就能大大提高供电的可靠性和系统并列运行的稳定性。因此，在 220kV 以上的大接地电流系统中，广泛采用了单相重合闸。综合重合闸指的是当线路上发生单相故障时，实行单相自动重合（断路器可能分相操作）；当重合闸到永久性故障时，一般是断开三相并不再进行重合；当线路上发生相间故障时，实行三相自动重合，当重合到永久故障时，断开三相并不再进行自动重合。一般在允许使用三相重合闸的线路，但使用单相重合闸对系统或恢复供电有较好效果时，可采用综合重合闸方式。

除此之外，根据重合闸控制的断路器接通或者断开的电力元件不同，可以将重合闸分为线路重合闸、变压器重合闸和母线重合闸等。在 10kV 及以上的架空线路和电缆与架空线的混合线路上，广泛采用重合闸装置，只有个别的由于系统条件的限制不能使用重合闸的除外。

根据重合闸控制断路器连续合闸次数的不同，可以将重合闸分为多次重合闸和一次重合闸。多次重合闸一般使用在配电网中与分段器配合，自动隔离故障区段，是配电自动化的重要组成部分。一次重合闸主要用于输电线路，提高系统的稳定性。

（四）ARC 装置的实现

在输电线路中的数字式 ARC 中，当断路器可以分相操作时（220kV 以上），将三相重合闸、单相重合闸、综合重合闸、重合闸停用集成为一个装置，通过切换开关或者控制字获得不同的重合闸方式以及重合闸功能。当断路器不可以分相操作时（110kV 及以下），则只有三相重合闸以及重合闸停用两种方式。以 220kV 为例，阐述输电线路 ARC 构成的基本原理。

1. 重合闸的方式选择

重合闸的方式选择借助 CH_1、CH_2 不同状态组合获得不同的重合闸方式。CH_1 用来控制三重方式（压板接通时置 1），CH_2 用来控制综重方式（压板接通时置 1），组成的重合闸方式见表 7-1。通过 CH_1、CH_2 的组合，可以实现三相重合闸、单相重合闸、综合重合闸、重合闸停用的方式。

表 7-1　CH_1、CH_2 组成的重合闸方式

	单重	三重	综重	停用
CH_1	0	1	0	1
CH_2	0	0	1	1

2. 重合闸充电

线路发生故障时，ARC 动作一次，表示断路器进行了一次跳闸-合闸的操作。为了保证断路器切断能力的完全恢复，断路器进行第二次跳闸之前必须有足够的时间，否则切断能力会下降。为此，ARC 动作后需要一定间隔时间才能够投入，这段时间称为复归时间，一般取 10~15s。线路上发生永久性故障时，ARC 动作后经过一定时间才能够再次动作，可以避免 ARC 动作过多。一般情况下，重合闸的充电时间取 15~25s。在非数字式重合闸中，利用电容器放电可以获得一次重合闸脉冲，因此该电容器充电到能使 ARC 动作的电压值的时间应为 15~25s。在数字式重合闸中模拟电容器充电的是一个计数器，计数器计数相当于电容器充电，计数器清零就相当于电容器放电。

重合闸要进行充电，往往还要满足以下几个条件：重合闸投入运行处为正常工作状态；在重合闸未启动时，三相断路器处于合闸状态，断路器跳闸装置继电器未动作；在重合闸未启动时，断路器正常状态下的气压或者油压正常。这说明断路器可以进行跳合闸，允许充电；没有闭锁重合闸输入信号；在重合闸未启动时，没有 TV 断线失电压信号。

3. 重合闸启动方式

重合闸启动有两种方式：控制开关与断路器位置不对应启动以及保护启动。

（1）控制开关与断路器位置不对应启动方式

重合闸的位置不对应启动就是断路器控制开关（S）处合闸状态和断路器处跳闸状态两者不对应启动重合闸。用位置不对应启动重合闸的方式，线路发生故障保护将断路器跳开之后，出现了控制开关与断路器位置不对应，启动重合闸；如果出现工作人员误碰断路器操作机构、断路器操作机构失灵、断路器控制回路存在问题等，这一系列因素会使断路

器在线路无故障时发生"偷跳"现象，则位置不对应引起重合闸启动。因此，位置不对应启动重合闸可以纠正这种问题。

这种启动重合闸的方式简单可靠，是所有自动重合闸启动的基本方式，对提高供电可靠性和系统的稳定性有重要意义。为判断断路器是否为跳闸状态，需要用到断路器的辅助触点以及跳闸位置继电器。当出现断路器辅助触点接触不良或者跳闸位置继电器异常等，则位置不对应启动重合闸失效。为了克服这一缺点，在断路器跳闸位置继电器每相动作中增加线路相应相无电流条件的检查，以进一步提高启动重合闸的可靠性。

（2）保护启动方式

目前大多数线路是自动重合闸，在保护动作发出跳闸命令之后，重合闸才能发出台闸命令，因此自动重合闸支持保护跳闸命令的启动方式。

保护启动重合闸，就是利用线路保护跳闸出口触点（A 相、B 相、C 相、三跳）来启动重合闸。因为是采用跳闸出口触点来启动重合闸，因此只要固定跳闸命令，无须固定选相结果，从而简化了重合闸回路。保护启动重合闸能够纠正继电保护误动作引起的误跳闸，但不能够纠正断路器偷跳现象。

单相故障时，单相跳闸固定命令同时检查单相无电流，此时启动单相重合闸；多相故障时，三相跳闸命令固定同时检查三相无电流，此时启动三相重合闸。

4. 重合闸计时

单相故障单相跳闸时，重合闸以单相重合方式计时，重合闸动作时间为 t_D，即重合闸启动后经 t_D 后发出合闸脉冲。

多相故障三相跳闸时，重合闸以三相重合闸方式计时，重合闸动作时间为 t_{ARC}，即重合闸启动后经 t_{ARC} 后发出合闸脉冲。在装设重合闸的线路上，假定线路第一次发生的是单相故障，故障跳闸之后线路转入非全相运行，经单相重合闸动作时间如 t_D 断路器发出合闸脉冲。如果在发出重合闸脉冲前健全相有发生故障，继电保护动作实行三相跳闸，则有可能出现第二次发生故障的相断路器刚一跳闸，没有适当间隔时间就收到单相重合闸发出的重合脉冲，立即合闸。这样除了使重合闸不成功外，严重的会导致高压断路器出现跳开后经 0s 重合又跳开的特殊动作循环，甚至断路器在接到合闸命令的同时又接到跳闸命令，这一过程会给断路器带来严重的危害。

为了保证断路器安全，在装设综合重合闸的线路上，重合闸的计时必须保证是由最后一次故障跳闸算起，即非全相运行期间健全相发生故障而跳闸，重合闸必须重新计时。

5. 重合闸闭锁

重合闸闭锁就是将重合闸充电计数器瞬间清零。重合闸闭锁主要分为以下几种情况：

第一，由保护定值控制字段设定闭锁重合闸的故障发生时：如相间距离Ⅱ段、Ⅲ段；接地距离II段、III段；零序电流保护II段、III段；选相无效、非全相运行期间健全相发生故障引起三相跳闸等。如果用户选择闭锁重合闸时，则这些故障出现时实行三相跳闸不重合。

第二，不经保护定值控制字控制闭锁重合闸的故障发生时：如手动合闸故障线或自动重合闸故障线，此时的故障可以认为是永久性故障；线路保护动作，单相跳闸或三相跳闸失败转为不启动重合闸的三相跳闸，因为此时断路器本身可能发生了故障。

第三，手动跳闸或者是通过遥控装置将断路器跳闸时：闭锁重合闸；断路器失灵保护动作跳闸，闭锁重合闸；母线保护动作跳闸不使用母线重合闸时，闭锁重合闸。

第四，使用单相重合闸方式，而保护动作三相跳闸。

第五，重合闸停用，断路器跳闸。

第六，重合闸发出合闸脉冲的同时，闭锁重合闸。

第七，线路配置双重化保护时，如果两套保护同时投入运行，重合闸也实现双重化。为了避免两套装置的重合闸出现不允许的两次重合情况，每套装置的重合闸检测到另一套重合闸已经将断路器合上之后就闭锁本装置的重合闸。如果不采用这一闭锁措施，则不允许两套装置的重合闸同时投入运行，只能一套装置投入运行。

检测到 TV 二次回路断线失电压，因检无压、检同步失去了正确性，在这种情况下应当闭锁重合闸。

二、三相自动重合闸

（一）单侧电源线路的三相一次自动重合闸

单侧电源线路是指单侧电源辐射状单回路、平行线路以及环状线路，其特点是只有一个电源供电，不存在非同步重合问题，重合闸装置装于线路的送电侧。在我国的电力系统中，单侧电源线路采用一般的三相一次重合闸，这种重合闸不具备直接应用于双侧电源线路上的功能。所谓的三相一次重合闸是指无论线路上发生的是相间短路还是接地短路，继电保护装置均将三相断路器跳开，重合闸启动，经过预定时间（可以整定，一般为 0.5~1.5s）发出重合脉冲，将三相断路器同时合上。如果是瞬时性故障，因故障已经消失，重合成功，线路继续正常运行；如果是永久性故障，继电保护再次动作跳开三相并且 ARC 不再重合。

三相同时跳开，重合不需要区分故障类别以及选择故障相，只需要在重合时断路器满足允许重合的条件下，经预定的延时发出一次重合脉冲。重合闸的时间除了应大于故障点熄弧时间，还应大于断路器以及操作机构恢复到准备合闸状态（复归准备好再次动作）所需的时间。

三相一次 ARC 由 ARC 启动回路、延时元件、一次合闸脉冲元件、控制开关闭锁回路以及实现重合闸以后加速保护动作的后记忆元件等组成。ARC 启动回路用以在断路器位置以及控制开关位置不对应时或者保护动作使断路器跳闸之后启动 ARC。延时元件在确定断路器断开后，故障点有充足时间进行去游离、断路器的绝缘强度恢复及消弧室重新充油以便下次动作，其延时 t_{ARC} 一般取 1s。一次合闸脉冲元件用以保证 ARC 只重合一次。

其工作情况的分析如下：

第一，正常工作状态下，ARC 启动回路并不动作，合闸继电器 KC 与信号继电器 KS 均不动作。

第二，断路器因为保护动作或其他原因误动作而跳闸重合闸的启动回路由控制开关位置与断路器位置不对应或者是保护启动。只要断路器跳开就会启动，经过预定时间后，触发一次合闸脉冲元件发出合闸脉冲（约 0.1s），KC 动作进行合闸。如果是瞬时性故障，重合闸成功。断路器合闸之后，启动回路以及延时元件立即返回，使一次合闸脉冲元件开始充电，充满之后整个回路自动复归并准备好再次动作。如果是永久性故障，重合闸之后继电保护再次动作，断路器再次跳开。启动回路以及延时元件再次动作，但是一次合闸脉冲并未完成充电，因电压不满不能够发出合闸脉冲，从而保证重合闸仅动作一次。

第三，手动操作控制开关跳闸控制开关在预跳闸位置时，S 触电接通。其接通了放电回路，使一次合闸脉冲元件放电，同时通过与门实现了手动闭锁，从而保证了手动跳闸之后不会合闸。在手动跳闸之后，一次合闸脉冲元件处于放电状态，因电压不满不会发出合闸脉冲。

第四，手动操作控制开关合闸控制开关手动合闸之后，一次合闸脉冲元件开始充电，15~25s 之后电压充满。如果此时线路上还存在故障，则断路器投入随即继电保护动作再次跳闸。一次合闸脉冲元件处于放电状态，因电压不满不会发出合闸脉冲。

第五，后记忆元件动作情况后记忆元件将一次合闸脉冲元件发出的短脉冲进行加宽，使其变为 1s 的输出信号。在这段时间内，KCP 动作配合继电保护在重合闸之后实现保护加速。

（二）双侧电源线路的三相一次自动重合闸

双侧电源线路是指两个及两个以上电源之间的联络线。在双侧电源线路上实现重合闸还需考虑断路器跳闸之后，电力系统可以分割为两个独立的部分，它们有可能进入非同步的运行状态，因此除了满足前述的基本要求之外，还应当考虑故障点的断电时间的配合和同步两个问题。

第一，时间的配合。

双侧电源线路上发生故障时，两侧的继电保护装置可能以不同的时限断开两侧断路器。例如一侧为Ⅰ段动作，而另一侧为Ⅱ段动作，为了保证故障电弧的熄灭、足够的去游离时间及绝缘强度的恢复，以使重合闸可能成功，线路两侧安装的重合闸必须在两侧断路器都跳闸之后再进行重合。最糟糕的情况下，每侧都应当以本侧先跳闸而对侧后跳闸作为考虑时间整定值的依据。

第二，同步问题。

线路上发生跳闸故障时，经常会出现两侧电源电动势相位差增大从而失去同步的现象。此时后合闸的一侧应当考虑两侧的电源是否同步，以及是否允许非同步合闸的问题。采用三相自动重合闸时，一般都会采用检查线路无电压和检查同步的 ARC 装置。

因此，双侧电源线路上的重合闸应当根据电网的接线方式以及运行状况，在单侧电源重合闸的基础上采取一些附加措施以适应新的要求。

1. 三相快速自动重合闸

快速自动重合闸指线路上发生故障时，继电保护瞬时断开两侧断路器后，在 $0.5 \sim 0.6s$ 内使之再次重合，在这段时间内，两侧电源电动势相位差不大，不会危及系统失步。即使两侧电源电动势相位差较大，冲击电流对电力系统内电力元件的冲击也在可以承受的范围内，线路重合后迅速进入同步状态。在现代高压输电线路中，采用三相快速重合闸是提高系统并列运行稳定性和供电可靠性的有效措施。

采用三相快速自动重合闸方式应当具备下列条件：①线路两侧都装有可以进行快速重合的断路器，如快速气体断路器等。②线路两侧都装有全线速动的保护，如纵联保护等。③断路器合闸时，线路两侧电动势的相位差为实际运行中可能的最大值时，通过设备的冲击电流周期分量 $I_{ch \cdot max}$ 应在允许范围内。④快速重合于永久性故障时，电力系统有保持暂态稳定的措施。

2. 解列和自同步的重合闸方式

（1）解列重合闸

解列点应尽量选择使发电厂容量与其所带重要负荷供电平衡的点。解列之后，小电源的容量基本上与所带负荷实现平衡，保证了地区重要负荷的连续供电。两侧断路器跳闸之后，系统侧的重合闸检查线路无电压、确认对侧跳闸之后，进行重合。重合成功，则恢复对非重要负荷的供电并恢复系统正常运行；重合失败，则系统侧保护动作再次跳闸，只保证重要负荷的供电。

（2）自同步重合闸

适用于包含水电厂的情况，线路人点发生故障时，系统侧的保护动作跳开本侧断路器，水电厂侧的保护动作跳开发电机断路器以及灭磁开关，但不跳开故障线路的断路器。

系统侧的重合闸检查线路无电压后重合，如果重合成功，则水轮发电机以自同步方式与系统并列。如果重合不成功，系统侧保护再次跳闸，水电厂被迫停机。

采用自同步重合闸需考虑对水电厂地区负荷供电的影响。因为在自同步重合闸过程中，不采取其余措施会导致全部停电。水电厂有两台以上机组时，为了保证负荷地区的供电，应考虑使一部分机组与系统解列，继续向地区负荷供电，另一部分机组实行自同步重合闸。

3. 非同步重合闸方式

当快速重合闸的重合时间过慢，或者系统的功角摆开较快，到两侧断路器合闸时系统失去同步，此时不考虑同步问题进行合闸，依靠系统自动拉入同步。此时系统中电力元件受到冲击电流的影响，当冲击电流不超过规定值且合闸之后振荡过程对重要负荷影响较小时，可以采用非同步重合闸方式。其中，进行非同步重合闸时，流过发电机、同步调相机等的最大冲击电流见表7-2。

表7-2   最大冲击电流与额定电流允许倍数

机组类型		允许倍数
汽轮发电机		$0.65/x_d''$
水轮发电机	有阻尼回路	$0.6/x_d''$
	无阻尼回路	$0.6x_a$
同步调相机		$0.84/x_d''$
电力变压器		$1/x_T$

4. 检定无压以及检定同期自动重合闸方式

检定同期的重合闸方式是高压电网中应用最广泛的一种三相自动重合闸方式，检定同期可以采用间接的方式。在没有其他旁路的双回线路上，可以检定另一回线路上是否有电流，因为当另一回线路上有电流时，两侧电源仍然保持联系，一般是同步的，因此能够重合。

检定同期同样可以采用直接的方式，检定同步重合闸的方式不会产生危及设备安全的冲击电流，也不会引起系统振荡，合闸之后能够很快拉入同步。在现代数字式保护中，重合闸

部分设计在保护装置中，或设计成单独插件与保护部分置于同一个机箱内。三相重合闸统一设计成检定无压、检定同步重合，可以满足不同的需求。考虑到线路保护按照线路配置，重合闸按照断路器配置，对于一个半断路器接线以及多角形接线，重合闸部分设在断路器保护装置中。

三、单相自动重合闸

单相重合闸是指线路上发生了单相接地故障时，保护动作断开故障相断路器，然后进行单相重合。

电力系统架空线路的故障多为瞬时性故障，根据运行经验110kV以上的大接地电流系统的高压架空线路上，短路故障中的70%以上为单相接地短路，特别是220kV以上的架空线路上，由于线间距离较大，单相接地故障高达90%。在这种情况下，如果只把发生故障的一相断开，然后进行单相重合，而未发生故障的两相在重合闸周期内继续运行，就能够很大程度上提高供电的可靠性以及系统并列运行的稳定性。因此，在220kV以上的大接地电流系统中，广泛采用单相重合闸。

与三相重合闸相比，单相重合闸具有以下特点：

第一，使用单相重合闸时会出现非全相运行，除纵联保护需要考虑一些特殊问题外，对零序电流保护的整定和配合产生了很大影响，也使中、短线路的零序电流保护不能充分发挥作用。

第二，使用三相重合闸时，各种保护的出口回路可以直接动作于断路器。使用单相重合闸时，除了本身有选相能力的保护外，所有纵联保护、相间距离保护、零序电流保护等，都必须经单相重合闸的选相元件控制，才能动作于断路器。

第三，当线路发生单相接地并进行三相重合闸时，会比单相重合闸产生较大的操作过电压。这是由于三相跳闸、电流过零时断电，在非故障相上会保留相当于相电压峰值的残余电荷电压，而重合闸的断电时间较短，上述非故障相的电压变化不大，因而在重合时会产生较大的操作过电压。而当使用单相重合闸时，重合时的故障相电压一般只有17%左右（由线路本身电容分压产生），因而没有操作过电压问题。从较长时间在110kV及220kV电网采用三相重合闸的运行情况来看，一般中、短线路操作过电压方面的问题并不突出。

第四，采用三相重合闸时，在最不利的情况下，有可能重合于三相短路故障，有的线路经稳定计算认为必须避免这种情况时，可以考虑在三相重合闸中增设简单的相间故障判别元件，使它在单相故障时避免实现重合，在相间故障降时不重合。

电网采用单相自动重合闸时，除了要求系统中装设按相操作的断路器之外，还应当考虑以下由单相重合闸引起的特殊问题：①保护中需装设故障判别元件以及故障选相元件，选相功能是综合重合闸或者单相重合闸装置应当具有的功能。数字式线路保护中大多也具有选相功能，双重选相更为可靠；②在单相接地跳开单相、进行单相重合的过程中会出现只有两相运行的非全相状态，应该对误动作的保护进行闭锁；③非全相运行状态下，应当考虑电网中潜供电流的影响；④单相重合失败，则应根据系统运行需要，考虑线路转入长期非全相运行的影响（一般由零序电流保护后备段动作跳开其余两相）。下面对这几个问题进行分析说明。

（一）选相元件

选相元件应当首先保证选择性，即选相元件与继电保护配合只跳开故障发生的那一相，而非故障相的选相元件不动作；其次，当线路末端发生单相接地故障时，对应的选相元件应灵敏动作。

根据电网的运行状况，常用的选相元件分为以下几种：

①电流选相元件。在传统的综合重合闸装置中，在每相上装设过电流继电器，根据故障相短路电流增大的原理动作，线路上发生接地短路时，故障相电流增大，使该相上过电流继电器动作，构成电流选相元件。其动作电流按照大于最大负荷电流和单相接地短路时非故障相电流继电器不误动的原则来进行整定，适合装设于较短线路的电源端，不适合线路末端电流较小的中长线路。因为相电流选相元件受系统的运行方式影响较大，一般只作为消除阻抗选相元件出口短路死区的辅助选相元件，而不能作为独立选相元件。微机型综合重合闸装置采用三相电流来监视实现。

②低电压选相元件。将三个低电压继电器接于三个相电压上，根据故障相电压降低的原理动作，接地故障时以相电压选相，相间故障时则用相间电压选相。其动作按照小于正常运行以及非全相运行时可能出现的最低电压来整定。低电压选相元件适合装设于短路容量特别小的一侧，尤其是在弱电源侧及其他选相方法有困难时。在极短的线路上应用低电压选相需要考虑其灵敏性。

因为低电压选相元件在长期运行中易发生触电抖动，可靠性较差，不能够单独作为选相元件使用，只能作为辅助选相元件。微机型装置采用三相电压来监视实现。

③阻抗选相元件。阻抗选相元件采用零序电流补偿的接线，根据故障相测量阻抗降低的原理动作。其将三个低阻抗继电器接入的电压电流分别为 $\dot{U}_A$、$\dot{I}_A + K3\dot{I}_0$，$\dot{U}_B$、$\dot{I}_B + K3\dot{I}_0$，$\dot{U}_C$、$\dot{I}_C + K3\dot{I}_0$。其中，$\dot{U}_A$，$\dot{U}_B$，$\dot{U}_C$ 为保护安装处母线的相电压；$\dot{I}_A$，$\dot{I}_B$，$\dot{I}_C$ 为被保护线路由母线流向线路的相电流；$3\dot{I}_0$ 为相应零序电流；$K = \dfrac{Z - Z_1}{3Z_1}$ 为零序电流补偿系数，采用

$\dfrac{\dot{U}_{a(b,\,c)}}{\dot{I}_{a(b,\,c)} + K3I_0}$ 接线方式的三个阻抗继电器，以保证单相接地时故障相继电器的测量阻抗与

短路点到保护安装地点之间的正序阻抗成正比。而阻抗继电器的特性，一般是类似带记忆作用的方向阻抗继电器或者四边形特性的阻抗继电器。阻抗选相元件相较于电流选相元件

和电压选相元件，更具有灵敏性以及选择性，在复杂电网中得到了广泛应用。

④相电流差突变量选相元件。相电流差突变量选相元件是根据两相电流之差构成的三个选相元件，其动作情况满足一定的逻辑关系。设保护安装处通过母线流向线路的电流为 $\dot{I}_A$，$\dot{I}_B$，$\dot{I}_C$，相电流之差为 $\dot{I}_{AB} = \dot{I}_A - \dot{I}_B$、$\dot{I}_{BC} = \dot{I}_B - \dot{I}_C$，$\dot{I}_{CA} = \dot{I}_C - \dot{I}_A$，相电流差突变量是故障后的 $\dot{I}_{AB}$，$\dot{I}_{BC}$，$\dot{I}_{CA}$ 的相量差，以符号 $\Delta\dot{i}_{AB}$，$\Delta\dot{i}_{BC}$，$\Delta\dot{i}_{CA}$ 表示。实际上 $\Delta\dot{i}_{AB}$，$\Delta\dot{i}_{BC}$，$\Delta\dot{i}_{CA}$ 就是故障分量电流。

在正常运行以及短路之后的稳态情况下，每相电流无变化，三个选相元件不动作。短路发生的瞬间，故障相的电流突变，则与故障相有关的相电流差突变量选相元件动作。

不同故障情况下选相元件动作见表7-3，可以发现在单相接地故障时，只有对应非故障相的电流差突变量的继电器不动作，当三个选相元件都动作时，说明发生多相故障，动作后跳开三相断路器。

表 7-3　各类型故障时，相电流差突变量继电器的动作情况

故障类型	故障相别	选相元件		
		ΔI_{AB}	ΔI_{BC}	ΔI_{CA}
单相接地	A	+	−	+
	B	+	+	−
	C	−	+	+
两相短路或者两相短路接地	AB	+	+	+
	BC	+	+	+
	AC	+	+	+
三相短路	ABC	+	+	+

相电流差突变量选相元件选相速度快、选相灵敏度高、选相允许故障点过渡电阻大、单相接地时能够正确选相、电力系统振荡时选相元件不误动、频率偏离额定频率较大时选相元件不误动；两相经过较大的过渡电阻接地时，能够在最不利条件下不漏选相。但是在单侧电源线路上发生故障时，负荷侧的相电流差突变量选相元件不能够正确选出故障相，如果发生单相接地，则负荷侧的故障分量电流为零序电流，当然该侧的电流差突变量 $\Delta\dot{I}_{AB}$ = 0、$\Delta\dot{I}_{BC}$ = 0、$\Delta\dot{I}_{CA}$ = 0，无法选出故障相；此外，对于转换性接地故障（如一相接地在保护正向，另一相在保护反向上）和平行双回线路的跨线接地故障，不能正确选出故障相。

在微机综合重合闸装置中，常采用相电流差突变量选相元件与阻抗选相两种方式互补作用。阻抗选相元件一般不会误动，但是在单相经大电阻接地的情况下可能拒动；相电流

差突变量选相元件灵敏度高，不会在过渡电阻较大时拒动，但它仅在故障刚发生时能够可靠动作，在单相重合闸过程中可能会因为联锁切机、切负荷等操作误动。因此，在电力系统中，经常在刚启动时采用相电流差突变量原理选相，选出故障相之后退出工作，继而采用阻抗元件选相来辨别相间故障。

⑤序电流选相元件。序电流选相基于比较零序电流与 A 相负序电流之间的相位关系，再配合阻抗元件动作行为选择故障相别以及故障类型。采用零序电流进行比相，因此只需对接地故障进行选相（故障没有零序电流则为多相故障）。在分析过程中假定系统各元件序阻抗角相等，因此保护到安装处各序电流的相位分别与故障支路的各序电流相同，所以各序电流直接采用保护安装处的电流，而不采用故障支路各序电流。

除了以上介绍的几种选相元件之外，电力系统运行中还使用了电流、电压序分量选相、补偿电压突变量选相以及电流、电压复合突变量选相等选相元件。

（二）非全相运行对电力系统的影响

使用单相重合闸后，系统处于非全相运行状态，产生负序以及零序的电压和电流，对电力系统以及继电保护造成不利影响。

第一，对发电机的影响负序电流在发电机转子绕组中产生了二倍工频频率的交流电流，引起了转子附加发热，而转子中的偶次谐波在定子绕组中感应出奇次谐波的电动势，叠加上基波电动势，可能使发电机产生过电压。因此，在靠近发电厂的高压线路上采用单相自动重合闸时应当加以注意。

第二，对通信的影响在非全相运行状态下，零序电流可能会造成附近通信设备的过电压。

第三，对继电保护的影响在单相重合闸过程中产生的负序以及零序分量会使继电保护的性能变差，因此需要对保护采取必要的措施。

①对零序电流的保护。线路处于非全相运行时，线路的零序电流能够达到正常负荷电流的40%，整定值躲不开该值的零序电流保护，会退出工作，当线路转入全相运行之后，应当适当延时才能够投入工作。在非全相运行期间，本线路的零序三段保护还应当缩短一个时间差，以防止线路重合闸不正常时造成相邻线路的零序电流保护动作。

②对距离的保护。在非全相运行期间，当两侧的电动势夹角达到一定的程度时，健全相的阻抗元件有发生误动作的可能性。非全相运行期间发生振荡，健全相发生接地故障或相间故障时，由健全相上的Ⅱ段接地距离或Ⅱ段相间距离加速动作，实行三相跳闸。可见，非全相运行期间或非全相运行系统发生振荡，健全相上的距离保护不开放且接在健全相上的接地、相间工频变化量阻抗继电器不受非全相运行的影响，但是当健全相发生短路

故障时，保护可靠开放，加速切除健全相上的短路故障。

③方向高频保护。对于零序功能方向元件，无论使用母线电压互感器还是线路电压互感器，非全相运行时均有可能误动作。所以有零序功能方向闭锁的高频保护，在非全相运行时应该退出工作。在非全相运行时，由负序功率方向闭锁的高频保护，使用母线电压互感器可能造成误动。使用线路电压互感器时，因为在非全相运行情况下不会误动，可以不必退出工作，但是在非全相运行时如果再发生故障，就存在拒动的可能性。

④分相电流纵差动保护。无论是光纤分相电流纵差动保护，还是微波分相电流纵差动保护，在原理上不受非全相运行以及系统振荡的影响。因此，非全相运行期间分相电流纵差动保护是投入工作的。

（三）潜供电流的影响

在单相重合闸方式的超高压输电线路上，单相接地时只切除线路的故障相，线路进入非全相运行状态。如果是瞬时性故障，则要求故障点尽快消弧，这样有利于重合闸成功。在非全相运行期间，健全相通过电容耦合在故障点形成电流；健全相的负荷电流通过相互之间互感耦合，同样在故障点形成电流。这两部分之和称为潜供电流。为了使得单相重合闸成功，要求潜供电流较小，并且熄弧时间恢复电压也较低。

一般情况下，线路电压越高、线路越长，则潜供电流越大。潜供电流的持续时间不仅与其大小有关，也与故障电流的大小、故障切除的时间、弧光的长度以及故障点的风速等因素有关系。潜供电流的存在将维持故障点的电弧，使其不易熄灭，而自动重合闸的时间还需要考虑潜供电流的影响，在国内、外许多电力系统中都由实测来确定，时间要长于三相重合闸的时间。

四、综合重合闸

在设计线路的重合闸装置时，将三相重合闸与单相重合闸一起考虑，发生单相接地短路故障时，使用单相重合闸；而发生多相故障时则采用三相重合闸。具有这两种重合闸装置的功能则为综合重合闸。综合重合闸广泛应用于 220kV 及以上电压等级的大接地电流系统当中。

（一）综合重合闸的运行方式

综合重合闸具有单相、三相、综合以及停用重合闸等四种工作方式。单相重合闸方式是当线路发生单相故障时切除故障相，实现单相重合闸。三相重合闸方式则是当线路发生各类型故障时均进行三相切除并实现一次三相重合闸。综合重合闸方式是当线路发生单相故障时切除故障相，实现一次单相重合闸；当线路发生各种相间故障时则切除三相，实现一次三相重合闸。停用重合闸方式是当线路上发生故障时，切除三相并不进行重合闸。

因为三相重合闸的方式较为简单经济，所以应当在满足需求的情况下优先使用三相重合闸方式。在 220kV 及以上电压的单回线路上，两侧电源之间相互联系薄弱的线路，或者当电网发生单相接地故障时采用三相重合闸不能够保证系统的稳定线路，拟采用单相重合闸或综合重合闸的方式。系统采用单相重合闸具有较好效果但同时允许装设三相重合闸时，可以采用综合重合闸方式。微机保护的重合闸方式根据系统调度的命令执行，重合闸可以采用以上任何四种方式之一。

通常情况下，重合闸都有一个电容器构成的一次合闸脉冲元件。电容器有 15s 左右的充电时间，对于微机型的重合闸装置没有设置这样的充电电容器，但是可以使用软件计数器模拟这种一次合闸脉冲元件。在采用中断程序里中断一次则计数加一，用此来模拟充电延时。为了方便起见，程序流程图用充、放电来描述计数器的计数清零。如果在电压不满的情况下又发生了相间故障，综合重合闸装置做放电处理，则不再重合；如果此时线路发生单相故障，为了防止单跳后长期非全相运行，综合重合闸装置也做放电处理且发出三跳指令。重合

闸在重合一次之后迅速放电，如果重合至永久性故障线路，保护再次跳闸时，因为来不及充满电而不能再次进行重合。

（二）综合重合闸构成的原则以及要求

综合重合闸的构成除了要满足一般的三相一次重合闸的原则以及要求外，还应满足以下要求。

1. 启动方式

综合重合闸一般采用保护启动以及断路器位置不对应启动两种启动方式。在综合启动时，无论是单跳、三跳保护启动还是断路器位置不对应的方式启动，都要对单跳、三跳或者是断路器位置不对应确认之后才启动重合。一般情况下，经过计数器循环累计计数 20 次才能被确认。

2. 三相重合闸同期方式

在三相重合闸循环计数确认中，设定同期检定，在不满足同期条件时放电，清零计数器，重合闸不被启动。同期方式可以通过控制字进行选择，分为以下几种方式。

①非同期重合。不检查同期，也不检查电压。

②检定同期。要求线路侧需有电压且母线与线路电压之差小于同期电压的整定值。

③检定无压。线路电压低于整定值或者线路有电压且与母线电压同期，后者为了检定

无压侧断路器偷跳时能够重合。

3. 具有分相跳闸回路

单相故障时，通过该回路保护动作信号经过选相元件切除故障相断路器；如果是相间故障，则分相跳闸回路可以作为三相跳闸回路的后备。

4. 具有分相后加速回路

在非全相运行过程中部分保护被闭锁，所以保护性能变差。为了能够尽快切除永久性故障，应当设置分相后加速回路。

实现分相后加速最重要的是判断线路是否恢复全相运行状态。采用分相固定方式，只对故障相采用整定值躲开空负荷线路电容电流的相电流元件，区别无故障以及是否恢复全相运行的方法是有效的。另外，分相后加速应当有适当的延时，以此躲过非全相转入全相运行的暂态过程，并且保证非全相运行中误动的保护来得及返回，也有利于多开三相重合闸时，断路器三相不同时合闸产生的暂态电流的影响。

5. 具有故障判别以及三相跳闸回路

在综合重合闸中，除了选相元件还应当增设故障类型判别元件，用以辨别接地与相间故障等。当发生转换性故障时、非全相运行中健全相又发生故障、单相接地时选相元件或分相跳闸元件拒动、不适用重合闸、手动合闸于故障线路以及操作断路器的液（气）压下降到不允许重合闸的压力等情况下，接通三相跳闸回路。在分相跳闸以外增设三相跳闸回路，发生多相故障时可以使得两者互为备用，用以提高可靠性。

第二节　备用电源自动投入装置

一、备用电源自动投入的作用以及基本要求

（一）备用电源自动投入的作用

根据上述工作情况可知，采用 AAT 的优点如下：①提高了供电可靠性，节省建设投资。②简化了继电保护。采用 AAT 后，环形网络可开环运行，并列变压器可以解列运行。既能保证供电可靠性，又能简化继电保护运行。③限制了短路电流，提高了母线残压。若受端变电站采用环网开环运行或者是变压器解列运行，则会使出线短路电流受到一定的限制，供电母线上的残余电压相应提高。某些情况下，短路电流受限，无须再装出线电抗器，节省投资又方便运行维护。④装置简单，经济可靠。

（二）备用电源自动投入装置应当满足的要求

AAT 用在不同的场合，其接线方式可能有所不同，但是其所需满足的基本要求是相同的。在 AAT 动作投入的备用电源以及备用设备上，应当装设相应的继电保护装置，动作于 AAT 自动重合闸的断路器。

AAT 应当满足下列基本要求：

①应保证在工作电源和设备断开后，才投入备用电源或备用设备。这一要求的目的是防止将备用电源或备用设备投入到故障元件上，造成 AAT 投入失败，甚至扩大故障，加重损坏设备。满足这一要求的实现方法：备用电源和设备的断路器合闸部分应由供电元件受电侧断路器的常闭辅助触点启动。

②工作母线和设备上的电压无论以何种原因消失时，AAT 均应启动。工作母线失电压的原因有：工作变压器故障，母线故障，母线上出线故障而没有被该出线的断路器断开，断路器因控制回路、操动机构、保护回路的问题或被运行人员误操作断开，电力系统内部故障等。以上各种原因造成工作母线失电压时，AAT 都应该动作。满足这一要求的实现方法：AAT 应有独立的低电压启动部分。

③AAT 应保证只动作一次。当工作母线发生永久性故障或引出线上发生永久性故障，且没有被出线断路器切除时，由于工作母线电压降低，AAT 动作，第一次将备用电源或备用设备投入，因为故障仍然存在，备用电源或备用设备上的继电保护会迅速将备用电源或备用设备断开，如果此时再投入备用电源或备用设备，不但不会成功，还会使备用电源或备用设备、系统再次遭受故障冲击，造成事故扩大、设备损坏等严重的后果。

满足这一要求的实现方法：控制备用电源或设备断路器的合闸脉冲，使之只动作一次。

④若电力系统内部故障使工作电源和备用电源同时消失，AAT 不应动作，以免造成系统故障消失并恢复供电时，所有工作母线段上的负荷全部由备用电源或备用设备供电，引起备用电源和备用设备过负荷，降低供电可靠性。在这种情况下，电力系统内部故障消失且系统恢复后，负荷应该仍由原各自的工作电源供电。所以，备用母线电压消失时 AAT 不应动作。满足这一要求的实现方法：AAT 设有备用母线电压监视继电器。

⑤发电厂用的 AAT 除满足上述要求，还应当符合：第一，当一个备用电源作为几个工作电源备用时，若备用电源已代替一个工作电源后，另一个工作电源又断开，AAT 应动作。第二，有两个备用电源的情况下，当两个备用电源为两个彼此独立的备用系统时，应各装设独立的自动投入装置；当任一备用电源都能作为全厂各工作电源的备用时，自动投入装置应使任一备用电源都能对全厂各工作电源实行自动投入。第三，AAT 在条件可能

时，可采用带有检定同步的快速切换方式，也可采用带有母线残压闭锁的慢速切换方式和长延时切换方式。

⑥应校验备用电源和备用设备自动投入时过负荷的情况，以及电动机自起动的情况，如果过负荷超过允许限度，或不能保证自起动时，应有自动投入装置动作于自动减负荷。

⑦当备用电源自动投入装置动作时，如果备用电源或一设备投于永久故障，应使其保护加速动作。

⑧AAT 的动作时间以使负荷的停电时间尽可能短为原则。所谓 AAT 动作时间，即指从工作母线受电侧断路器断开到备用电源投入之间的时间，也就是用户供电中断的时间。停电时间短对用户有利。但当工作母线上装有高压大容量电动机时，工作母线停电后因电动机反送电，使工作母线残压较高，若 AAT 动作时间太短，会产生较大的冲击电流和冲击力矩，损坏电气设备。所以，考虑这些情况，动作时间不能太短。运行实践证明，在有高压大电动机的情况下，AAT 的动作时间以 1~1.5s 为宜，低电压场合可减小到 0.5s。

二、备用电源自投的动作逻辑

备投装置的每一个动作逻辑的控制条件可分为两大类：一类为允许条件，另一类为闭锁条件。当允许条件满足，而闭锁条件不满足时，备投动作出口。为防止备投重复动作，借鉴保护装置中重合闸逻辑的做法，在每一个备投动作逻辑中设置了一个充电计数器，其充电条件是：①不是所有允许条件都满足。②时间超过 10s。以上条件同时满足后为充满状态。

对该计数器放电的条件如下，任一个条件满足立即对该计数器放电：①任一个闭锁条件满足。②备投动作出口。

三、AAT 参数整定

整定的参数有低电压元件动作值、过电压元件动作值、AAT 充电时间、AAT 动作时间、低电流元件动作值、合闸加速保护。

（一）低电压元件动作值

低电压元件用来检测工作母线是否失去电压的情况，当工作母线失电压时，低电压元件应当可靠动作。为此，低电压元件的动作电压应当低于工作母线出路短路故障切除后电动机自起动时的最低母线电压；工作母线（包括上一级母线）上的电抗器或者变压器后发生短路故障时，低电压元件不应当动作。

参考上述的情况，低电压元件动作值一般取额定电压的 25%。

（二）过电压元件动作值

过电压元件用来检测备用母线（暗备用时为工作母线）是否有电压的情况。如果以方式1、方式2运行时，工作母线出线故障被该出线断路器断开之后，母线上电动机自启动时备用母线出线最低运行电压 $U_{\min}$，过电压元件应当处于动作状态。故过电压元件的动作电压 U_{op} 为

$$U_{op} = \frac{U_{\min}}{K_{rel}K_r n_{TV}}$$

式中，K_{rel} 为可靠系数，取 1.2；K_r 为返回系数，取 0.9；n_{TV} 为电压互感器电压比。一般 U_{op} 不应低于额定电压的 70%。

（三）AAT 充电时间

当 AAT 以方式1或者方式2运行时，当备用电源动作于故障上时，则由设在 QF_5 上的加速保护将 QF_5 跳闸。如果故障是瞬时性的，则可以立即复原原有的备用方式，为保证断路器切断能力的恢复，AAT 的充电时间不应当小于断路器第二个合闸–跳闸间的时间间隔，一般取 10~15s。可见 AAT 的充电时间是必需的。

（四）AAT 动作时间

AAT 的动作时间是指由于电力系统内的故障使工作母线失去跳开工作母线受电侧断路器的延时时间。

因为网络内短路故障时低电压元件可能动作，显然此时 AAT 不应当动作，所以设置延时是保证 AAT 动作选择的重要措施。AAT 的动作时间 t_{op} 为

$$t_{op} = t_{\max} + \Delta t$$

式中，$t_{\max}$ 为网络内发生使低电压元件动作的短路故障时，切除该短路故障的保护最大动作时间；Δt 为时间级差，取 0.4s。

应当指出，当存在两级 AAT 时，低电压侧的 AAT 动作时间应当比高压侧 AAT 的动作时间大一个时间级差，以避免高压侧工作母线失电压、AAT 动作时低压侧 AAT 不必要误动。

（五）低电流元件动作值

设置低电流元件用来防止 TV 二次断线时误起动 AAT，同时兼做断路器跳闸的辅助判据。低电流元件动作值可以取 TA 二次额定电流值的 8%（如 TA 额定电流为 5A 时，低电流动作值为 0.4A）。

（六）合闸加速保护

合闸加速保护电流元件的动作值应保证该母线上短路故障时有不低于 1.5 的灵敏度；当加速保护有复合电压启动时，负序电压可以取 7V、正序电压可以取 50~60V（在上述短路点故障灵敏度不低于 2.0）；加速时间取 3s。

对于分段断路器上设置的过电流保护，一般分为两段式。第一段为电流速断保护，动作电流与该母线出线上的最大电流速断动作值配合，动作时间与速断动作时间配合；第二段的动作电流、动作时限不仅要与供电变压器的过电流保护配合，而且要与该母线出线上的第二段电流保护相配合。

四、智能化变电站下备用电源自动投入功能的实现

随着计算机技术的发展，配备于数字化变电站的备用电源自动投入装置也向数字化的方向发展。智能化变电站区别于常规站的就是二次装置与一次设备间只有光信号联系而无电信号联系，采样、跳闸及信号传输用光缆代替了传统硬接线。

（一）智能化变电站下备自投装置相关量的获得

1. 智能化变电站下备自投装置电气量的获得

备自投所需的两个母线电压来自母线合并单元，两路进线抽取电压及两路进线开关电流来自进线合并单元，分段电流来自分段合并单元。

2. 智能化变电站下备自投装置逻辑量的获得

备自投所需的两路进线开关 TWJ、KKJ 的位置来自进线智能终端，分段开关 TWI、KKI 的位置来自分段智能终端，外部闭锁重合闸信号主要来自相应的保护装置，如主变后备保护或母差保护等。上述智能终端及保护装置往备自投装置发送 GOOSE 报文，实现方式有两种：点对点采集和组网采集。

3. 智能化变电站下备自投装置的动作出口回路

备自投动作后若要跳合线路开关出口需要线路智能终端，若要跳合分段开关出口需要分段智能终端，若要联跳母线上开关出口需要联跳开关智能终端。上述备自投往智能终端发送 goose 出口报文，实现方式有两种：点对点跳合闸和组网跳合闸。

（二）智能化变电站下备自投的实现方案

变电站一般根据开关的保护功能来划分间隔，因此相关的备自投功能信息来自三个间隔，其中有两条进线以及相关的分段。老式的备自投装置使用的是二次电缆，把电流、电

压、开关量连上装置，相关的信号包括跳闸信号也通过电缆送至操作箱。数字化发展是一种趋势，渐渐地，通过二次电缆的传输方式已经被网络化取代，变电站的三个层次之间通过网络进行相互通信连接，实现信息的共享，基于这种网络化的备自投装置称为分布式备自投。

分布式备自投一般有两种实现方式，一种是基于过程层采样值（SMV）传输的分布式备自投，另一种基于间隔层 GOOSE 报文的分布式备自投。第一种方式采样值来自各个部分，是分布式的，但是其实现的功能很集中；第二种方式不一样，采样值来自各个部分，同样功能也会分布到各个装置中去。相比之下，第一种方式需要很多的冗余逻辑节点，导致结构相对复杂，而第二种方式实现起来非常的灵活。数字化变电站的备用方式为两条进线互投，具体的实现方式介绍如下：

第一，采样的实现：通过电子式互感器得到相关的电压信号，光纤将这些数字信号传到电压并列器中，再经过电压扩展器输出到电流合并器中，电流合并器位于两端母线的间隔中，这样就将采样值合并到了一起。这些电压、电流信号经过统一的处理被合并器1、2传输到过程层网络的交换机上，不同的保护控制策略都可以从交换机上面获取相关的电压、电流量信息，同时采用交换机的虚拟网络技术来控制网络的流量。

第二，备自投逻辑功能的实现：110kV 进线备自投的实现过程由母联充电保护装置和进线保护测控装置共同完成。进线保护测控装置实现进线备自投的分散执行功能，即判断本间隔中是否有电流、电压，在基于 GOOSE 相关规约的基础上将得到的信息发送给母联充电保护装置作为动作逻辑，之后母联充电保护装置进行统一的处理。GOOSE 实时信息传输到线路的断路器智能接口单元，智能接口单元给备自投装置发送命令，执行相关动作。

第三节　自动解列装置

一、电力系统失步原因分析

（一）电力系统失步特点

在正常运行方式下，并列运行的发电机是同步工作的，所有发电机的电动势都有相同的频率。当并列运行的稳定性被破坏时，或与发电厂相连的线路与电力系统非同步运行时，一台发电机对电力系统或互联的一个电网对另一个电网就会产生异步运行。发电机向外输送的有功功率将呈周期性变化，因此该台发电机的转速增加，而受端系统则由于功率缺额导致频率下降，两者电动势相量产生一定的频差，输电线上各点电压按频差周期性变化，在振荡中心处当功角 $\delta = 180°$ 时电压为零。各元件内的电流按频差周期性变化，而其有功功率以双倍频差呈周期性变化。

（二）电力系统失步原因

系统内所有并列运行的发电机是同步工作的，此时发电机组的机械转矩和电磁转矩之间达到平衡状态。当输电线路中的传输功率过大并超过静稳极限，或者当系统因无功功率严重不足而引起系统电压降低，或者当发生短路时由于故障切除太慢以及采用非同期重合闸时，并列运行的系统中都有可能发生失步现象，被破坏，失步的两群机组的转子之间一直有相对运动，导致发电机组的机械转矩和电磁转矩直接出现差值，从而使系统的功率、电流和电压都不断地振荡。以简单的等值两机系统分析功率同传输功率之间的关系。

二、失步解列装置的作用

为了防止系统失步，首先应当注意防止暂态稳定被破坏。除了采用提高系统暂态稳定性的措施，还可以根据系统的具体情况采用如下的措施：①对于功率过剩的地区采用发电机快速减出力、切除部分发电机或者是投入动态电阻制动等。②对于功率缺额地区采用切除部分负荷等。③紧急励磁控制，串联以及并联电容装置的强行补偿，切除并联电抗器或者高压直流输电紧急调制等。④在预定地点将某些局部电网解列以保持主网的稳定。

当电力系统稳定性被破坏而发生失步振荡时，应当根据系统的具体情况采用消除失步振荡的控制措施。①对于局部系统，若通过验证可能短时失步运行并且再同步不会导致负荷、设备以及系统稳定的破坏，则可以采用再同步控制，使失步的系统恢复运行。②对于送端孤立的大型发电厂，在失步时应当优先采用切机再同步的措施。③为了消除失步振荡，可以采用失步解列装置，在预先安排的适当系统断面，将系统解列为各自保持同步的供需平衡区域。

三、系统失步解列判别原理

目前国内高压电网解列装置使用的失步判据主要基于三原理：分析电压/电流相位的变化规律、分析测量阻抗的变化规律、分析 $u\cos\varphi$ 的变化规律。在具体的应用中，根据测点位置和所应用物理量的不同，可以设计具体的判据，下面介绍几种不同的判据。

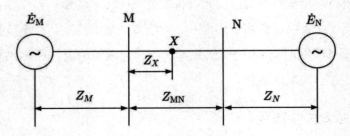

图 7-1 等值两机系统模型图

（一）母线电压相位差变化失步判据

设在等值两机系统模型图 7-1 中，发生失步振荡时两侧的等值电动势幅值相等，令 $\dot{E}_{\mathrm{M}} = E_{\varphi} \angle 0^{\circ}$，有 $\dot{E}_{\mathrm{N}} = E_{\varphi} \mathrm{e}^{-\mathrm{j}\delta}$，而 δ 在 $0 \sim 2\pi$ 范围内变化，则振荡电流 $\dot{I}_{\mathrm{sw}}$ 为

$$\dot{I}_{\mathrm{sw}} = \frac{\dot{E}_{\mathrm{M}} - \dot{E}_{\mathrm{N}}}{Z_{\mathrm{M}} + Z_{\mathrm{N}} + Z_{\mathrm{MN}}} = \frac{E_{\varphi}}{Z_1}(1 - \mathrm{e}^{-\mathrm{j}\delta})$$

其中 $Z_1 = Z_{\mathrm{M}} + Z_{\mathrm{N}} + Z_{\mathrm{M}}$，母线 M 上的电压可以根据上式求得为

$$\dot{U}_{\mathrm{M}} = \dot{E}_{\mathrm{M}} - \dot{I}_{\mathrm{sw}} Z_{\mathrm{M}}$$

$$= E_{\varphi} - \frac{E_{\varphi} - E_{\varphi} \mathrm{e}^{-\mathrm{j}\delta}}{Z_1} Z_{\mathrm{M}}$$

$$= E_{\varphi}[1 - \rho_{\mathrm{M}}(1 - \mathrm{e}^{-\mathrm{j}\delta})]$$

式中，ρ_{M} 为母线 M 电器位置的系数，取 $\rho_{\mathrm{M}} = \dfrac{Z_{\mathrm{M}}}{Z_1}$。

因此，母线 N 的电压为

$$\dot{U}_{\mathrm{N}} = \dot{U}_{\mathrm{M}} - \dot{I}_{\mathrm{sw}} Z_{\mathrm{MN}}$$

$$= \dot{E}_{\mathrm{M}} - \dot{I}_{\mathrm{sw}}(Z_{\mathrm{MN}} + Z_{\mathrm{M}})$$

$$= E_{\varphi}[1 - \rho_{N}(1 - \mathrm{e}^{-\mathrm{j}\delta})]$$

式中，ρ_{N} 为母线 M 电器位置的系数，取 $\rho_{\mathrm{N}} = \dfrac{Z_{\mathrm{M}} + Z_{\mathrm{MN}}}{Z_1}$。

由 $\dot{U}_{\mathrm{M}}$、$\dot{U}_{\mathrm{N}}$ 可以得到

$$\frac{\dot{U}_{\mathrm{M}}}{\dot{U}_{\mathrm{N}}} = \frac{1 - \rho_{\mathrm{M}}(1 - \mathrm{e}^{-\mathrm{j}\delta})}{1 - \rho_{\mathrm{N}}(1 - \mathrm{e}^{-\mathrm{j}\delta})}$$

$$= \frac{(1 - \rho_{\mathrm{M}} + \rho_{\mathrm{M}}\cos\delta) - \mathrm{j}\rho_{\mathrm{M}}\sin\delta}{(1 - \rho_{\mathrm{N}} + \rho_{\mathrm{N}}\cos\delta) - \mathrm{j}\rho_{\mathrm{N}}\sin\delta}$$

假设 $\dot{U}_M$ 超前 $\dot{U}_N$ 的相位为 δ_{MN}，则由 $\dfrac{\dot{U}_M}{\dot{U}_N}$ 可以得到

$$\delta_{MN} = \arg\left\{ \frac{(\rho_M - \rho_N)\sin\delta}{(1 - \rho_M + \rho_M\cos\delta)(1 - \rho_N + \rho_N\cos\delta) + \rho_M\rho_N\sin^2\delta} \right\}$$

可以得到，发生失步振荡时 δ_{MN} 随 δ 而变化，δ 在 $0 \sim 2\pi$ 范围内变化时，振荡线路两侧母线电压间相位差 δ_{MN} 同样在 $0 \sim 2\pi$ 范围内变化。因此，检测 δ_{MN} 小越限就可以检测出失步振荡。

该方法是通过有功功率的方向去判断系统是否失步。通过在系统异步运行中无功功率对正负一侧的偏向去判断失步中心的位置，该判据没有方向性，缺少限制动作条件判断。当系统受扰发生振荡的过程中，同调机群间的联络线同样会受到负荷潮流、同调机群间功角间隙波动等影响而发生有功过零的现象，这容易使该判据误判、装置动作跳闸口；且当系统失步较快，在电磁暂态过渡的过程中进入异步运行状态时，该判据易于误判振荡周期次数。由于非失步断面联络线也会发生有功功率过零的现象，基于视在阻抗轨迹和视在阻抗角变化规律设计制造的失步解列装置会误判将同调机群间的非失步断面联络线断开，这是非常有害的。

（二）监视点电压、电流变化判据

假设图 7-1 中 X 作为失步解列装置的监视点，其与母线 M 之间的线路正序阻抗为 Z_X，因为 $|1 - e^{-j\delta}| = 2\sin\dfrac{\delta}{2}$，可以得到

$$|\dot{I}_{sw}| = \frac{2E_\varphi}{Z_1}\sin\frac{\delta}{2}$$

显然，当系统发生失步振荡时，监视点 X 的电流 $|\dot{I}_{sw}|$ 随着 δ 的变化而明显变化。因此，可以从母线 M 处直接测得监视点的电流。

母线 M 处测得 X 点的电压为

$$\dot{U}_x = \dot{U}_M - \dot{I}_{sw}Z_x$$

由于母线电压以及振荡电流可以在母线处直接测量，所以在母线处就可以测量到 $\dot{U}_X$ 值。将 $\dot{U}_M = \dot{E}_M - \dot{I}_{sw}Z_M$ 代入，结合 $\dot{I}_{sw} = \dfrac{\dot{E}_M - \dot{E}_N}{Z_M + Z_N + Z_{MN}} = \dfrac{E_\varphi}{Z_1}(1 - e^{-j\delta})$ 可以得到

$$|\dot{U}_X| = E_\varphi\sqrt{1 - 4\rho_X(1 - \rho_X)\sin^2\frac{\delta}{2}}$$

式中，ρ_X 为监视点电器位置系数，$\rho_X = \dfrac{Z_X + Z_M}{Z_1}$。

当 δ 在 $0 \sim 2\pi$ 范围内变化时，监视点 $|\dot{U}_X|$ 的变化明显。ρ_X 越接近 0.5（即越接近振荡中心），$|\dot{U}_x|$ 随 δ 变化越明显。

（三）视在阻抗轨迹失步判据

在等值两机系统模型图 7-1 中，监视点 X 的测量阻抗为

$$Z_{M(X)} = \frac{\dot{U}_x}{\dot{I}_{sw}} = \frac{\dot{U}_M - \dot{I}_{sw} Z_X}{\dot{I}_{sw}}$$

所以在线路的 M 侧检测 $\dot{U}_M$、$\dot{I}_{sw}$ 就可以检测到 $Z_{M(X)}$。

（四）功率变化失步判据

由 $|\dot{U}_X| = E_\varphi \sqrt{1 - 4\rho_X(1 - \rho_X)\sin^2 \dfrac{\delta}{2}}$ 可以得到监视点 X 的电压标幺值为

$$|\dot{U}_X|_* = \sqrt{1 - 4\rho_X(1 - \rho_X)\sin^2 \frac{\delta}{2}}$$

其中基准电压为 E_φ，由 $|\dot{I}_{sw}| = \dfrac{2E_\varphi}{Z_1}\sin\dfrac{\delta}{2}$ 可得监视点 X 的电流标幺值为

$$|\dot{I}_{sw}|_* = \frac{|\dot{I}_{sw}|}{\left(\dfrac{2E_\varphi}{Z_1}\right)} = \sin\frac{\delta}{2}$$

其中基准电流为 $\dfrac{2E_\varphi}{Z_1}$。此外，当 Z_1 的阻抗角为 $85°$ 时，监视点 X 的电压和电流的相位差为

$$\cos\rho_X = \cos\left\{85° - \arg\left(\frac{\cot\dfrac{\delta}{2}}{1 - 2\rho_X}\right)\right\}$$

所以，监视点 X 的三相功率标幺值为

$$P_* = \sqrt{1 - 4\rho_X(1 - \rho_X)\sin^2\frac{\delta}{2}}\cos\left\{85° - \arg\left(\frac{\cot\dfrac{\delta}{2}}{1 - 2\rho_X}\right)\right\}\sin\frac{\delta}{2}$$

由 $\cos\rho_X = \cos\left\{85° - \arg\left(\dfrac{\cot\dfrac{\delta}{2}}{1 - 2\rho_X}\right)\right\}$ 可知，当 δ 在 $0 \sim 2\pi$ 范围内变化时，监视点 X 的

功率随着 δ 的变化而明显改变，检测到有功功率的大小以及变化方向，就能够判断出系统是否发生失步振荡。

（五）阻抗补偿计算失步判据

该判据通过补偿计算互联的两个系统之间阻抗，算出两侧系统内电动相位差来判断失步。该方法原理简单，但补偿范围要包括失步中心，否则会发生误判。该判据实现简单，但输电系统接线发生变化时，会产生误差，且在线路中间带有大量负荷的情况下，实现变得十分复杂。

（六）$u\cos\varphi$ 判据

系统发生失步振荡时的电压最低点成为振荡中心。系统发生失步振荡时，如果两侧电动势幅值相等、系统各元件阻抗角相同，振荡中心恒定位于系统阻抗中点处，设 $\rho_\mathrm{x} = 0.5$，则监测点 X 就是系统的振荡中心，其电压表达式为

$$U_\mathrm{X} = E_\varphi \cos\frac{\delta}{2}$$

当 δ 在 $0 \sim 2\pi$ 范围内变化时，U_x 幅值也随之明显变化。且 $0 < \delta < \pi$ 时，$U_\mathrm{X} > 0$；$\pi < \delta < 2\pi$ 时，$U_\mathrm{X} < 0$。对 U_X 的赋值以及极性进行检测就能够判断系统是否发生失步振荡。

因此，结合系统运行的实际情况，设 $\delta = \alpha + \Delta\omega t$，系统两端电压幅值为 1，结合图 7-2，测量 U_X 是 $\dot{U}$ 取在 i 上的投影，因此可以得出

$$U_\mathrm{X} = u\cos\varphi = \cos\frac{\delta}{2} = \cos\left(\frac{\alpha + \Delta\omega t}{2}\right)$$

当系统失步运行时，$\Delta\omega \neq 0$，振荡中心周围电压呈现出周期性变化，振荡周期为 2π。若 $\Delta\omega > 0$，则系统加速失步，振荡中心电压 U_x 变化的曲线如图 7-3a 所示；若 $\Delta\omega < 0$，则振荡中心电压 U_x 变化的曲线如图 7-3b 所示。

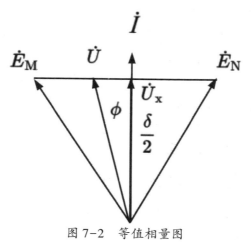

图 7-2　等值相量图

由上面的分析可知，振荡中心电压与功角之间存在确定的函数关系。作为状态量的功角是连续变化的，因此在失步振荡时振荡中心的电压也是连续变化的，且过零；在短路故障及故障切除时振荡中心电压是不连续变化且有突变的；在同步振荡时，振荡中心电压是连续变化的，但不过零。因此，可以通过振荡中心的电压变化来区分失步振荡、短路故障和同步振荡。

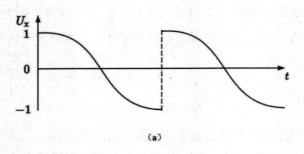

(a)

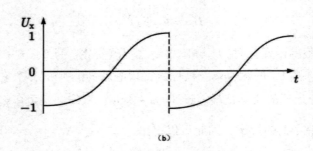

(b)

图 7-3　振荡中心电压变化曲线

根据前面的分析可得出振荡中心电压 $u\cos\varphi$ 在失步振荡时的变化规律为：

①加速失步时，$u\cos\varphi$ 的变化规律为 0-1-2-3-4-5-6-0。

②减速失步时，$u\cos\varphi$ 的变化规律为 0-6-5-4-3-2-1-0。

上述分析是假定线路阻抗角为 90°，但实际系统中线路阻抗角不是 90°，因而需要进行角度补偿。线路阻抗角为 90°时，$u\cos\varphi$ 就是振荡中心电压。但实际线路阻抗角小于 90°，$u\cos\varphi$ 大于振荡中心电压。假定实际线路阻抗角为 82°，则将电流相位滞后 8°，这样用 $\cos\varphi$ 代替振荡中心电压更为准确、合理。

四、失步解列装置的构成

以上五种系统的失步振荡解列判别原理都是基于 δ 的不断变化，不同的是有的直接检测有关电气量的相位变化，有的间接测量 δ 变化引起的有关点测量阻抗、功率以及振荡中心电压的变化等。在构成失步解列控制装置时，应当满足以下的要求：

①正确区分短路故障以及失步故障，对转换性故障也应当准确识别。

②在确定系统稳定性被破坏，系统的 δ 还未摆开至 180° 之前判断出失步振荡。

③判断出失步振荡之后，应当能判别出装置安装侧是功率过剩或者是功率短缺侧，以便根据需要发出不同的指令。

失步解列控制装置由起动部分和失步振荡判别部分组成，起动部分一般采用电流元件或者正序电流元件，其整定电流应当躲过正常运行时安装处的最大负荷电流。失步振荡判别部分可以采用上述的判据方法，但是无论采用何种方法，被检测量都会被分区循环判别。

（一）动作方程以及动作特性

在数字式的阻抗继电器中，大部分采用比相原理构成。设比相的两个电压为 $\dot{U}_W$（又称工作电压）、$\dot{U}_P$（又称极化电压），分别表示为

$$\dot{U}_W = \dot{U}_{\varphi\varphi} - \dot{I}_{\varphi\varphi} Z_{set1}$$

$$\dot{U}_P = \dot{U}_{\varphi\varphi} + \dot{I}_{\varphi\varphi} Z_{set2}$$

动作方程为

$$\left| \arg \frac{\dot{U}_W}{\dot{U}_P} \right| \geqslant \theta_{set}$$

或者为

$$\left| \arg \frac{\dot{U}_{\varphi\varphi} - \dot{I}_{\varphi\varphi} Z_{set1}}{\dot{U}_{\varphi\varphi} + \dot{I}_{\varphi\varphi} Z_{set2}} \right| \geqslant \theta_{set}$$

式中，$\dot{U}_{\varphi\varphi}$ 为装置安装处的相间电压，其中 $\varphi\varphi = AB$、BC、CA；$\dot{I}_{\varphi\varphi}$ 为装置安装处的电流流向线路的电流，其中 $\varphi\varphi = AB$、BC、CA；θ_{set} 为设定的动作角度；Z_{set1}、Z_{set2} 为设定的阻抗值，其阻抗角等于线路阻抗角。

装置安装处的测量阻抗 $Z_m = \dfrac{\dot{U}_{\varphi\varphi}}{\dot{I}_{\varphi\varphi}}$，于是动作方程也可以改写为

$$\left| \arg \frac{Z_{m?} - Z_{set1}}{Z_m + Z_{set2}} \right| \geqslant \theta_{set}$$

（二）整定阻抗

失步阻抗元件与区域阻抗元件的整定阻抗角相同，一般都等于线路阻抗角。

1. 失步阻抗元件的整定阻抗

失步阻抗元件的正向整定阻抗 Z_{set1} 一般取装置安装点线路方向的等值阻抗，Z_{set1}、Z_{set2} 应当尽量与等值双机系统的阻抗相符，当失步解列装置安装于线路 MN 侧的 M 侧时，Z_{set2} 可以取为

$$Z_{set1} = Z_{MN1} + Z_{N1}$$

$$Z_{set2} = -Z_{M1}$$

2. 区域阻抗元件的整定阻抗

区域阻抗元件的 Z_{set1}、Z_{set2} 应当根据实际情况确定，当振荡中心落入该区域阻抗特性曲线之内时，装置才能够允许出口跳闸。为此，此区域阻抗特性应当包含失步解列线路的阻抗 Z_{set1}、Z_{set2} 应当满足

$$Z_{MN1} - (Z_{M1} + Z_{N1}) \leq Z_{set1} < Z_{MN1} + Z_{N1}$$

$$Z_{set2} \leq Z_{M1}$$

在满足上式的条件下，尽量使区域阻抗特性的中心在振荡中心附近。当系统参数变化使振荡中心移动到相邻线路上时，本线路失步解列装置不会动作，此时相邻线路的失步解列控制装置会进行失步解列。两区域阻抗的特性应当尽力配合，保证失步解列控制装置动作的选择性。

第四节　故障录波装置

一、故障录波装置的作用

第一，为正确分析电力系统事故、研究防范对策提供历史资料。根据事故过程的记录信息，可以对电流以及电压的暂态过程进行分析，分析过电压发生的原因以及可能出现的铁磁谐振现象，分析事故性质，从而得出事故原因，研究相应对策。

第二，评价继电保护以及安全自动装置的行为，特别是高速继电保护的行为。根据记录的信息，可正确反映故障类型、相别、故障电流和电压的大小、断路器跳合闸情况，以及转换性故障电气量变化情况，从而使评价继电保护以及安全自动装置的行为正确又迅速。

第三，确定线路故障点的位置，便于寻找故障点并做出相应的处理。

第四，分析研究振荡规律，为继电保护以及安全自动装置参数整定提供依据。系统发生振荡时，从振荡发生、失步、再同步的全过程以及振荡周期、电流和电压特征的电气量

信息全部记录下来，因此有关系统振荡的参数可以方便获取。

第五，借助装置，可以实测系统在异常情况下的有关参数，以便提高运行水平。

二、故障录波装置的基本技术要求

（一）记录量

故障录波装置的记录量有模拟量和开关量两类。记录下的模拟量应当包括：输电线路的三相电流以及零序电流（包括旁路断路器带线路时），高频保护的高频信号，母线的三相电压以及零序电压，主变压器的三相电流以及励磁电流，发电机零序电压，发电机的有功功率以及无功功率，发电机励磁电压以及电流，发电机负序电压以及电流，发电机三相电压，发电机频率等。记录的开关量包括：输电线路的 A 相跳闸、B 相跳闸、C 相跳闸、三相跳闸信号，线路两套保护的 A 相动作、B 相动作、C 相动作、三相动作、重合闸动作信号，线路纵联保护接收以及输出信号，母联断路器跳闸信号，母线差动保护动作、充电保护动作、失灵保护动作以及各种保护和安全自动装置的动作信号等。

故障录波装置分为变电站故障录波装置和发电机-变压器故障录波装置。以 220kV 变电站故障录波装置为例，应当考虑 8 条线路、2 台主变压器、2 条母线记录量；发电机-变压器故障录波装置应当考虑发电机、主变压器、励磁变压器、高压厂用变压器、启动/备用变压器的记录量。

（二）记录起动方式

装置起动之后，就是将接入的记录量按照前述的方式全部记录。主要分为人工起动、开关量起动、模拟量起动三种方式。

人工起动包括就地手动起动以及远方起动，远方起动即遥控起动；开关量起动分为变位起动、开起动、闭起动以及不起动。开关量起动方式确定之后，条件满足故障录波装置就起动；模拟量起动有模拟量越限、突变起动。变电站故障录波装置包括电流和电压越限起动、突变起动、负序量越限起动、零序量越限起动。在发电机-变压器故障录波装置中，除了上述的起动，还有直流量越限起动、突变起动以及机组专项起动。

故障录波装置一旦起动，就会按照采样时段顺序来记录输入量，如果在记录过程中有新的起动量动作，则重新记录。当所有起动量复归或者末次记录时间达到上限时，故障录波装置终止记录。

（三）存储容量以及记录数据输出方式

故障录波装置的存储容量应当足够大，当系统发生大的扰动时，应当能无遗漏地记录每次系统大扰动之后的全部过程数据。因此，记录数据应当自动存储于记录主机模块以及监控管理模块的硬盘中，存储容量只受到硬盘容量的限制。

故障录波装置应当能接收监控计算机、分析中心主机以及就地人机接口的设备指令，快速安全可靠地输出记录数据；数据可以通过以太网、MODEM 通信输出；除此之外，可以使用 USB 移动存储设备。

（四）GPS 对时功能

故障录波装置记录的数据应当带有时标，由内部时钟提供，为了适应全网故障录波装置同步化的需求，全网的故障录波装置应具有统一的时标，因此故障录波装置应当能接收外部同步的时钟信号，全网的故障录波装置的时钟误差不超过 1ms。

三、故障录波装置的构成

为了满足故障录波装置的技术要求，在构成故障录波装置时应当注意以下问题：

第一，数据的记录与存储不应当依赖于网络以及后台操作，避免短时间内发生多次因起动时系统资源严重不足造成的数据丢失或者系统死机。

第二，当采用串行通信或者一般的现场总线通信的时候，因为速度限制，实时性要求难以满足。

第三，在结构上不宜将模拟量转换部分与记录主机完全分离，造成弱电信号引出总线之外，这样不仅使装置的抗干扰能力变差，而且容易造成记录波形失真和死机。

第四，应当采用高性能硬件，以此满足高采样速率下的实时性要求。

故障录波装置由模拟量转换模块、开关量隔离模块、记录主机模块、监控管理模块构成，故障录波与分析装置采用了多 CPU 并行处理的结构。

模拟量变换将交、直流强电信号转换为适合 DSP 采集的弱电信号；开关量隔离模块完成输入开关量的隔离变换；记录主机模块为多 CPU 并行处理的分布式主从结构，数据采集采用高速数据处理的 DSP，高分辨率的 16 位 A/D 变换。多 CPU 之间采用双口 RAM、工业级总线交换记录数据，使得大容量数据流交换不会出现问题，从而数据不会丢失。记录主机模块带有大容量硬盘，直接进行数据记录和存储，不依赖网络与监控管理模块，以此提高数据记录的可靠性；监控管理模块通过内部总线与记录主机模块交换数据，完成监控、通信、管理、波形分析以及记录数据的备份储存。因此故障录波装置无须配置后台机，避免了后台机或者网络不稳定带来的问题。

（一）记录主机模块

记录主机模块以其高性能的嵌入式微处理系统（32 位）、工业级总线为核心，由记录系统主板、DSP 采集板、辅助信号板组成。

1. 记录系统主板

以高性能的嵌入式微处理系统（32 位）为核心，该模块上集成了几乎全部的计算机标准设备。

正常运行时，将 DSP 采集板传输来的采样数据存于指定的 RAM 区域中，循环刷新；同时穿插进行硬件自检，并向监控管理系统传输实时采样数据。故障录波装置一旦起动，按照故障录波时段的要求进行数据记录，同时起动相关的信号继电器及控制面板信号灯。记录数据文件就地存放在记录主机模块自带的硬盘中，并自动上传到监控管理模块实现记录数据的存储备份。

2. DSP 采集板

DSP 采集板主要由高性能的 DSP 芯片、高速转换的 16 位 A/D 转换器构成。接收采样频率发生器通过总线统一发出同步采样脉冲信号，同步控制所有采样保持器，实现各路模拟量、开关量的同步采集；再经过 16 位高速转换的 A/D 转换器转换为并行数据进行输出，由 DSP 读入处理，结果移入双口 RAM 中，供 CPU 进行读取；DSP 经过计算进行判断是否起动故障录波装置，供主要 CPU 进行处理。

3. 辅助信号板

辅助信号板将装置运行、记录、自检等状态量输出，包括记录动作信号接点输出以及各种运行状态的灯光信号输出。

（二）监控管理模块

监控管理模块与记录主机模块紧密相关且互相联系，在软件、硬件上互相独立，监控管理模块既可以迅速进行数据记录、存储，又可以进行监控、通信、管理以及波形分析，还能够完成记录数据的备份存储。监控管理模块配备有大屏真彩液晶显示，具有 Windows 的图形化界面。其主要功能为：

1. 实时监视 SCADA/DAS 功能

①实时数据。监视正常运行时实时监测各项运行参数，显示实时数据的有效值。

②密码管理。系统设置了授权密码管理，密码设置可以创建、修改和删除。

③修改定值。模拟量起动的投退和定值整定开关量起动的投退和方式整定。

④修改时钟。记录主机模块以及监控管理进行人工对时。

⑤手动起动。用于检查系统的整体运行状态。

⑥通信远传。记录文件可以集中通过监控管理模块和调制解调器经过电话线和专网远传。

对于发电机—变压器故障录波装置，还应当具有画面编辑功能，用于制作和修改主接线的画面，并设有常用电气设备的图库。

2. 故障录波数据的波形分析和管理

该功能主要用来查看故障数据文件，将二进制数据转化为可视化的波形图线，以实现对故障波形的分析。

①波形编辑。功能包括：电压和电流波形的滚动、放大、缩小、比较；同屏显示任何时段的模拟量、开关波形量，并且能够显示、隐藏相关波形；电压和电流的幅值、峰值、有效值分析。

②表明记录时间、故障发生时刻。

③标注故障的性质，判断是模拟量还是某开关量的启动。

④序电压以及序电流的分析显示。

⑤谐波分析。

⑥有功功率以及无功功率的分析。

⑦故障测距。

⑧有效值的分析计算。

⑨记录文件管理。

⑩输出打印故障报告、分析报告，包括记录文件的路径名、起动时间、起动方式、系统频率、模拟量波形、开关量动作情况等。

对于发电机——变压器故障录波装置，还应当具有功角 δ 的分析。

四、智能故障录波装置

电力系统故障录波装置是研究现代电网的基础，也是评价继电保护动作行为以及分析设备故障性质和原因的重要判据。而其功能的实现离不开故障录波装置的发展，性能优良的故障录波装置对于保证电力系统安全运行及提高电能质量起到了重要的作用。电力系统故障录波装置已成为电力系统记录动态过程必不可少的精密设备，其主要任务是记录系统大扰动如

短路故障、系统振荡、频率崩溃、电压崩溃等发生大扰动后引起的系统电压、电流及其导出量，如系统有功功率、无功功率及系统频率变化的全过程尤为重要。故障录波装置能够全面地反映一次系统故障时相关参数的变化过程、断路器等一次设备的变化状态、继电保护与自动装置的动作情况等，从而为分析系统事故提供科学的依据。

传统的变电站只有变压器等个别设备需要安装故障录波装置，但是在智能化变电站中需要测量更多的电气信号，因此需要装设更多的故障录波装置。智能变电站中故障录波装

置安装在间隔层，采用数字化集成录波器，能够与一次设备直接通信。750kV、330kV 故障录波装置按电压等级以及网架结构进行双重化配置，故障录波装置以点对点的方式接收 SMV 报文，以网络方式接收 GOOSE 报文。

电能质量监测应当具备完整的录波功能：电能质量超标录波（包括电压偏差、频率、谐波等）、电网暂态扰动录波、开关量变化录波、手动试验录波、所采集的数据信息必须具有相关时刻标志，使电能质量数据与录波数据紧密关联。

故障录波应当与监控、保护设备统一组网，但是故障录波报文一般信息量较大，所以可以将故障录波系统单独组网接入保护以及故障信息管理子站，以保证站控层和间隔层网络传输的可靠性与安全性。

故障录波的技术要求：当系统发生大扰动时，应当能无遗漏地记录每次系统大扰动发生后的全过程数据，并且按要求输出历次扰动后的系统参数以及保护装置和安全自动装置的动作情况，所记录的数据要求真实可靠。记录频率和间隔以每次大扰动开始时为准，应满足不同时段的要求，各安装点记录应当保持同步，以满足集中处理系统全部信息的要求。

故障录波的接入量：一是模拟量，模拟量采集交流电压、电流量。电流量应当包含变压器各侧相电流、各侧母联或分段开关相电流、变压器中性点零序电流、各侧进出线路相电流以及零序电流。如果为小电阻接地系统，应当接入接地电阻上流过的零序电流量；二是开关量，开关量应当包含变压器、断路器等一次设备的继电保护和综合自动化动作信号，如变压器非电量保护、断路器差动保护、备自投、重合闸等信号，还包含各种继电保护和自动装置出口继电器的无源触点以及接入各开关设备的辅助信号触点；最后是开出信号。故障录波器的装置故障、录波启动以及电源消失的开出信号应接入智能变电站自动化系统或者变电站信息一体化平台。

智能变电站的电气量采集、跳闸命令、告警信号及二次回路实现了数字化和网络化。智能故障录波装置是适应电力系统智能化发展需求的新型故障录波装置，与常规变电站故障录波器相比，其采集信号、通信规约、试验方法等均发生了较大变化。同时智能变电站新增了网络报文记录分析装置，在定位上与故障录波装置存在功能重叠，有必要研究两者的异同，更好地发挥各自的作用。

（一）智能故障录波装置结构

智能故障录波装置一般由电源、CPU 系统、数据采集插件、背板总线和对时与告警模块五部分组成。其工作原理：报文首先通过各采集插件端口输入到录波器，在采集插件上实现现场可编程门阵列（FPGA）时标记录，CPU 对数据进行流量统计、解功能相关的数据。如果数据符合起动录波判据则会起动录波，并记录相关波形和开关量信息。

智能故障录波装置的起动方式应保证在系统发生任何类型故障时都能可靠的起动。起动方式一般包括电流、电压突变，电流、电压及零序的越限，频率越限与频率变化率，振荡判断，开关量起动，正序、负序和零序电压起动判据和智能站特有起动判据。智能站特有起动判据主要包括采样值报文品质改变、丢包或错序、单点跳变、双路采样不一致、发送频率抖动、GOOSE 丢包或错序等。录波装置根据起动判据进行实时计算，一旦判据满足，就进入录波状态。

智能故障录波装置一般要求接入的合并单元数量不少于 24 台，经挑选的采样值通道数不少于 128 路，GOOSE 控制块不少于 64 个，经挑选的 GOOSE 信号不少于 512 路，可实现就地和远方查询故障录波信息和实时监测信息，当报文或网络异常时给出预警信号。智能故障录波装置的参数设置、装置的工作均可脱离 SCD（全站描述文件），配置 SCD 只为高级分析应用服务。

（二）智能故障录波装置作用

智能故障录波装置与常规站录波装置间除起动判据增加智能站特有判据外，主要在采集方式、通信规约、调试与测试方法等方面存在差异。

1. 采集方式

传统故障录波装置需配置传感器机箱，对接入故障录波装置的模拟量信号进行隔离采样处理，数量、种类因变电站而异，由于传输模拟信号，需要敷设大量信号电缆，有些甚至使用双排端子，检修维护困难。其采样率可以设置，一般为 10kHz，额定输入情况下，误差小于 5‰。由于传感器机箱占据屏柜大量空间，需要多台屏柜时进而占据大量中控室空间。

智能故障录波装置无需传感器，只需配置需要的通信模块，由于传输数字信号，每条光纤可传输多个信号，因此仅需要敷设少量光纤，相对于电缆的复杂接线，光纤维护量小。智能故障录波装置采样率和采样精度均不可控，以接收的合并单元采样值报文参数为准，一般采样率为 4kHz，误差要求小于 0.5%。智能故障录波装置不需要传感器机箱，相同条件下可以容纳更多，集成度高。

2. 通信规约

以信息点表作为通信实现的基准，不同变电站、不同系统集成商、不同主站和子站通信定义不同，实现方式也不同，互换性、互操作性、可维护性差。变电站需求变化，功能提升，导致点表修改，录波器、保信子站、调度的程序都需要进行相应升级。

智能故障录波装置不存在上述问题，统一采用 EC61850 通信规约，应用层协议映射到

MMS。采用 EC61850 标准建模，具备自描述特性，只需客户端程序支持完备的 IEC61850 功能，无须指定通信点表，方便实现互联、互通、互操作，可维护性好。

3. 调试与测试方法

传统故障录波装置调试工具主要包括示波器、万用表、模拟继电保护测试仪和通信测试软件。测试涉及的装置包括传感器、保护装置、保信子站和/或调度主站。智能故障录波装置由于接收光纤信号使其调试工具发生了较大变化，主要包括报文分析仪、数字继电保护测试仪、IEC61850 客户端等。测试涉及装置也与传统故障录波装置发生了较大变化，主要包括合并单元、保护装置、交换机、保信子站或调度主站。

随着智能变电站的发展，要求进一步开发智能组件的综合分析系统，实现状态评价、寿命预估、故障诊断的高级应用功能，智能化水平明显提升。在新一代智能变电站的相关技术要求中，将这部分功能合并到对智能故障录波器的要求中，发展成为集故障录波、网络分析、状态监测、智能评估、行波测距于一体的新型动态记录分析装置。

参考文献

[1] 范俊成. 电力系统自动化与施工技术管理 [M]. 长春：吉林科学技术出版社，2023. 03.

[2] 王秋红，舒玉平，唐顺志. 电力系统继电保护及自动装置 [M]. 北京：中国电力出版社，2023. 04.

[3] 张菁. 电力系统继电保护原理及应用 [M]. 北京：化学工业出版社，2023. 04.

[4] 董新洲，王宾，施慎行. 现代电力系统保护 [M]. 北京：清华大学出版社，2023. 03.

[5] 冯照发，狄子辉，耿少博. 电力系统继电保护实操 [M]. 北京：中国电力出版社，2022. 05.

[6] 王信杰，朱永胜. 电力系统调度控制技术 [M]. 北京：北京邮电大学出版社，2022. 01.

[7] 黄頔. 电力系统 PLC 与变频技术 [M]. 重庆：重庆大学出版社，2022. 08.

[8] 刘春瑞，司大滨，王建强. 电气自动化控制技术与管理研究 [M]. 长春：吉林科学技术出版社，2022. 04.

[9] 韩常仲，蔡锦韩，王荣娟. 电气控制系统与电力自动化技术应用 [M]. 汕头：汕头大学出版社，2022. 01.

[10] 顾丹珍，黄海涛，李晓露. 现代电力系统分析 [M]. 北京：机械工业出版社，2022. 05.

[11] 孙秋野. 电力系统分析 [M]. 北京：机械工业出版社，2022. 06.

[12] 岳涛，刘倩，张虎. 电气工程自动化与新能源利用研究 [M]. 长春：吉林科学技术出版社，2022. 08.

[13] 李鹏，李立涅，杨奇逊. 电力系统自主可控芯片化继电保护 [M]. 北京：科学出版社，2021. 12.

[14] 朱英杰，张志艳. 电网系统专业实用计算 [M]. 北京：北京航空航天大学出版社，2021. 06.

[15] 滕福生，滕欢，周步祥，陈实. 电力系统调度自动化和能量管理系统 2 版 [M]. 成都：四川大学出版社，2021. 06.

[16] 郭廷舜，滕刚，王胜华. 电气自动化工程与电力技术 [M]. 汕头：汕头大学出版社，2021. 01.

［17］阮新波，刘福鑫，陈新. 电力电子技术［M］. 北京：机械工业出版社，2021. 08.

［18］杨明涛，杨洁，潘洁. 机械自动化技术与特种设备管理［M］. 汕头：汕头大学出版社，2021. 01.

［19］沈倪勇. 电气工程及其自动化应用型本科规划教材电气工程技术实训教程［M］. 上海：上海科学技术出版社，2021. 01.

［20］穆钢. 电力系统分析［M］. 北京：机械工业出版社，2021. 07.

［21］任晓丹，刘建英. 电力系统继电保护［M］. 北京：北京理工大学出版社，2020. 06.

［22］刘娟. 电力系统继电保护信号识别与分析［M］. 重庆：重庆大学出版社，2020. 03.

［23］周长锁，史德明，孙庆楠. 电力系统继电保护［M］. 北京：化学工业出版社，2020. 07.

［24］杨晓敏，王艳丽，王双文. 电力系统继电保护原理及应用［M］. 北京：中国电力出版社，2020. 05.

［25］赵福纪. 电力系统继电保护与自动装置［M］. 北京：中国电力出版社，2020. 10.

［26］徐晓琦，刘艳花. 现代电力系统综合实验［M］. 武汉：华中科技大学出版社，2020. 08.

［27］何良宇. 建筑电气工程与电力系统及自动化技术研究［M］. 文化发展出版社，2020. 07.

［28］王轶，李广伟，孙伟军. 电力系统自动化与智能电网［M］. 长春：吉林科学技术出版社，2020. 09.

［29］陈生贵，袁旭峰，卢继平. 电力系统继电保护［M］. 重庆：重庆大学出版社，2019. 04.

［30］卢继平，沈智健. 电力系统继电保护［M］. 北京：机械工业出版社，2019. 06.

［31］李丽娇，齐云秋. 教育部职业教育与成人教育司推荐教材电力系统继电保护第 2 版［M］. 北京：中国电力出版社，2019. 07.

［32］于群，曹娜. 电力系统微机继电保护［M］. 机械工业出版社，2019. 08.

［33］高亮，罗萍萍，江玉蓉. 电力网继电保护及自动装置原理与实践［M］. 北京：机械工业出版社，2019. 11.

［34］张明君，王巍，林敏. 电力系统微机保护［M］. 北京：冶金工业出版社，2019. 04.

［35］张文豪. 电力系统数字仿真与实验［M］. 上海：同济大学出版社，2019. 05.